KB177043

참수리, 한강에서 사냥하다

참수리, 한강에서 사냥하다

초판 1쇄 발행일 2015년 11월 30일

지은이 박지택

펴낸이 이원중

펴낸곳 지성사 출판등록일 1993년 12월 9일 등록번호 제10-916호
주소 (03408) 서울시 은평구 진흥로1길 4(역촌동 42-13) 2층
전화 (02) 335-5494 팩스 (02) 335-5496
홈페이지 지성사.한국 | www.jisungsa.co.kr 이메일 jisungsa@hanmail.net

ISBN 978-89-7889-309-1 (03490)

잘못된 책은 바꾸어 드립니다. 책값은 뒤표지에 있습니다.

이 도서의 국립중앙도서관 출판예정도서목록(CIP)은 서지정보유통지원시스템 홈페이지(http://seoji.nl.go.kr)와
국가자료공동목록시스템(http://www.nl.go.kr/kolisnet)에서 이용하실 수 있습니다. (CIP제어번호: CIP 201503529)

이 책은 한국출판문화산업진흥원의 2015년 〈우수출판콘텐츠 제작 지원〉 사업 선정작입니다.

참수리,
한강에서
사냥하다

• • 글과 사진 박지택

지성사

| 책을 펴내며 |

그해 겨울, 출근하는 아내를 데려다주고 한강을 찾는다. 아내가 퇴근하기 전까지 한가로이 강변을 따라 이어진 산책로를 걷는 것이 이제 내게는 일상이 되었다. 차가운 강바람을 등지고 탁 트인 강가를 걷는 것만으로도 행복하다. 프랑스의 센 강도, 영국의 템스 강도 이렇게 넓지는 않다. 높은 빌딩에서 바라본 중국 문명의 발상지 황하도 한강과 같은 운치는 없다. 그러나 한강을 바라보는 내내 무엇인가 허전하고 아쉬운 마음이 든다. 생동감 없는 분위기가 외로움과 쓸쓸함을 자아낸다. 그러던 어느 날, 문득 적막한 한강을 가로질러 예봉산 자락으로 새 한 마리가 날아간다.

'무슨 새일까?'

어떤 새인지 알 순 없지만 크기가 상당한 새가 날개를 퍼덕이며 날아간다.

2009년 나와 참수리의 만남은 그렇게 시작되었다. 다음 날부터 '지난번 보았던 새를 다시 볼 수 있을까?' 하고 하늘과 강 그리고 예봉산을 살피며 걷지만 일주일이 지나도 보이지 않는다.

'잠깐 지나가던 새였나?' 하며 단념할 때쯤 녀석이 다시 내 눈앞에서 예봉산을 향해 훨훨 날갯짓하며 날아간다. 녀석을 보는 횟수가 점점 늘어난다. 관심을 가지면 더 자주

보인다는 말처럼 짙은 그림자가 드리워지는 예봉산 자락 속으로 녀석이 날개를 퍼덕이며 날아가는 모습도 눈에 보이기 시작한다. 조그마한 점으로 시야에서 사라질 때까지 눈은 녀석을 좇는다. 하지만 그해 겨울 나와 참수리의 만남은 그것이 끝이었다. 그렇게 희미한 모습만을 남기고 녀석은 내 기억 속에서 사라졌다.

한때는 한국참수리로 명명된 종이 있을 정도로 우리나라에서도 참수리를 쉽게 볼 수 있었지만, 지금은 쉽게 볼 수 있는 새가 아니다. 한 해 동안 우리나라를 찾는 참수리의 수는 10마리가 채 되지 않는다.

그동안 경찰의 상징으로 사용하던 독수리는 2005년 경찰 60주년 행사 때부터 참수리로 바뀌었다. 비록 경찰의 상징이었지만 실제로 참수리의 모습이 어떠한지 또 어떤 특성을 가진 새인지 아는 사람은 많지 않다. 참수리는 전 세계에 약 5,000마리 서식하는 것으로 추정되어 멸종위기 동물로 보호받는 최상위 맹금류이며, 스스로 사냥하는 수리 가운데 그 크기가 가장 크다.

매년 12월이 되면 겨울 철새인 참수리와 흰꼬리수리는 월동지로 이동한다. 대부분 참수리는 러시아 남부와 일본 북부 지방인 홋카이도를 월동지로 이용하는데 극소수 개체만 우리나라를 월동지로 이용하며, 또 한곳에 정착하지 못하고 떠도는 몇몇 개체도 발견된다. 이런 이유로 전국에서 참수리가 발견되기는 하지만 개체 수가 워낙 적다 보니 볼 기회는 많지 않다. 하지만 그중에서도 참수리가 월동지로 삼아서 해마다 정기적으로 찾아오는 곳이 있다. 바로 한강 팔당지구이다.

2010년 12월 다시 겨울이 찾아왔다. 겨울 철새들이 한강을 찾기 시작한다. 기러기가 떼를 지어 날아다니고 한강에는 새들의 합창 소리가 울려 퍼진다. 한강의 아침, 차가운 날씨와 살이 에이는 듯한 바람이 불기 시작하면 그 뜨거운 한여름보다 더 많은 생명체가 활발히 움직이기 시작한다. 나는 살아 움직이는 다양한 생명체의 향연이 펼쳐지는 겨울의 한강을 더욱 사랑한다.

겨울철 한강은 새들의 천국이다. 팔당 호수의 수면이 두껍게 얼지만 물을 방류하는 팔당댐 아래쪽은 물이 얼지 않는다. 아지랑이처럼 일렁이는 아침 안개 속에서 수면성 오리인 흰뺨오리, 쇠오리, 흰죽지가 활동을 시작하고 겨울 철새들이 한강에 돌아오는 시기와 맞물려 나의 한강 생활도 시작된다.

참수리와의 만남이 어느새 6년이 되어가고 있다. 매년 참수리 개체에 대한 궁금증에

나름 이름도 붙이고 개체의 특징을 알아내려 애썼지만, 충분한 자료를 확보하지 못해 개체 간 구분이 정확하지 않았다. 마침내 2015년 1월 한 달, 그동안의 궁금증을 해결할 만큼의 많은 사진을 카메라에 담았다. 그리고 지난 4년간의 자료와 2015년의 자료를 정리하면서 여태껏 밝히지 못했던 개체들의 특징을 파악하게 되었다.

이 책을 통해 우리 주변에 사는 최상위 맹금류의 생활상을 조금이나마 이해하고 이들이 우리의 소중한 동반자임을 알았으면 하는 바람이다. 또한 이 책은 단순히 참수리에 대한 소개뿐만 아니라 한강에 찾아드는 개체의 생활상과 각 개체 간의 관계, 그리고 멀리 러시아에서의 이들 서식지에 관한 정보를 보여주기 위함도 있다. 어디에선가 누군가가 발견하고 기록한 참수리에 대한 정보를 참수리에 관심 있는 사람들이 유용하게 이용할 수 있기를 희망해본다. 앞으로 놀라운 연구 결실을 이끌어낼 미래의 개척자들에게 이 책이 조금이나마 도움이 되었으면 좋겠다.

박 지 택

참수리 성조(다 자란 새)는 우리나라 천연기념물 243-3호, 환경부 지정 멸종위기 야생생물 1급으로 지정된 겨울 철새이며, 전 세계적으로 약 5,000 개체가 서식하는 것으로 추정하고 있다.

| 차례 |

책을 펴내며

1장
*
참수리

사는 곳 15 / 크기와 종류 17 / 시력 25 / 참수리와 독수리 29

2장
*
한강

한강에서의 참수리 기록 34 / 한강을 찾는 참수리 35 / 활동 영역 43 / 숨은그림찾기 58

3장
*
관찰

탐조에 왕도는 없다 64 / 어깨깃으로 참수리를 구분하다 69
참수리에 매료되다 76 / 사람을 경계하는 참수리 82
위장 텐트 1 94 / 위장 텐트 2 100 / 위장 텐트 3 106
위장 텐트를 철수하다 110 / 왕발이의 반응 112 / 눈 내리는 날의 비행 116

4장

*

사냥

한강에서 월동하는 새 120 / 한강의 물고기와 사냥 성공률 126 / 정찰비행 128
조용한 사냥꾼, 참수리 136 / 물고기 추격전 138
분노의 비행 143 / 사냥의 시작과 성공 146 / 하루에 필요한 먹이 152
최상위 포식자, 왕발이 155 / 먹이에 대한 의심 159 / 고니와 고라니의 죽음 167
흰꼬리수리와 고라니 가족 171

5장

*

경쟁

까마귀들이 사는 법 174 / 한강에 사는 맹금류 177 / 먹이와 서열 181 / 사냥감 빼앗기 187
일인자의 먹이를 넘보는 어린 새 194 / 어린 참수리의 먹이 쟁탈 196
힘보다 속도 209 / 흰꼬리수리들의 다툼 그리고 참수리 211 / 먹이 앞에서 춤추다 222

6장

*

에피소드

참수리가 맺어준 인연 230 / 참수리에게 닥친 위기 234 / 풀지 못한 수수께끼 236

1장

참수리

사는 곳

크기와 종류

시력

참수리와 독수리

맹금류는 다른 동물을 사냥해 포식하는 육식성 조류로, 날카로운 발톱과 부리 그리고 잘 발달한 감각기관과 강한 날개를 지니고 있다. 그러나 현재는 환경의 변화, 서식지 파괴와 감소, 환경오염, 인간의 지나친 간섭 등으로 극심한 생존의 위협을 받고 있다.

맹금류는 주간과 야간에 활동하는 부류로 나눌 수 있는데, 낮에 활동하는 주행성 맹금류는 오래전부터 힘과 용기, 권위를 상징하는 동물로 여겨왔다. 그래서 힘의 상징으로, 왕이나 귀족의 문장으로 또는 하늘을 지배하는 제왕으로 신화나 문학, 건축, 예술 등의 분야에 등장하기도 한다.

또한 인도, 남아메리카, 몽골 등지에서는 맹금류가 신의 영역인 하늘과 인간의 영역인 땅을 이어주는 매개자 역할을 한다고 믿기도 한다.

맹금류 중에서 오래전 우리나라에 번식한 기록이 있는 수리로는 흰꼬리수리와 물수리, 검독수리이지만 최근에는 번식 기록이 없다. 하지만 매목 수리과인 참수리, 독수리, 항라머리검독수리, 흰죽지수리 등이 우리나라에서 월동한다. 또한 길 잃은 새이거나 우리나라 미기록종으로 관찰된 초원수리, 수염수리, 관수리, 고산대머리수리, 흰점어깨수리, 흰배줄무늬수리 등도 볼 수 있다.

독수리(© 박지환)

항라머리검독수리(© 김대환)

흰죽지수리(© 김대환)

이중에서 참수리와 흰꼬리수리는 세계자연보전연맹(IUCN) 적색자료집에 각각 멸종위기종(EN)과 취약종(VU)으로 분류, 세계적인 보호 대상종으로 지정하고 있으며, 우리나라도 천연기념물 243-3, 243-4호와 멸종위기 야생생물 1급으로 지정하고 있다.

매년 전국에서 발견되는 참수리 성조 개체 수가 10여 마리도 채 되지 않는 귀한 겨울철새이지만, 한강 팔당지구에는 해마다 12월 중순경부터 3월 초순까지 최소 3~5마리의 성조(어른 새)와 1~2마리의 참수리 어린 새, 그리고 최소 5~10마리 정도의 흰꼬리수리가 발견된다. 먹이사슬의 최상위 서열에 있는 수리가 월동지로 한강 팔당지구를 찾는다는 것은 곧 이곳이 생태학적으로 아주 중요한 지역임을 의미한다.

사는 곳

참수리는 러시아 동부 캄차카 반도, 오호츠크 해 유역, 사할린 중북부 지역에서 서식하며 겨울이 되면 약 3,500여 마리는 캄차카 반도에서 월동하고 약 2,000여 마리는 일본 홋카이도에서 월동한다. 그리고 극소수의 개체가 북아메리카 대륙까지 방랑하기도 하지만, 주로 동북아시아 지역에서 발견된다.

우리나라에는 한강 하구, 팔당댐 유역, 충주댐, 안동댐 유역, 금강 유역, 시화호, 낙동강 하구, 천수만, 강원도 등에서 발견된다. 이 중 몇 곳은 정기적인 월동지로 이용하고 있고, 일부 지역은 부정기적인 월동지로 이용한다. 한 해에 우리나라를 월동지로 이용하거나 나그네새로 잠시 머물다 가는 참수리는 어린 새와 성조를 포함해 모두 10여 마리 안팎이다.

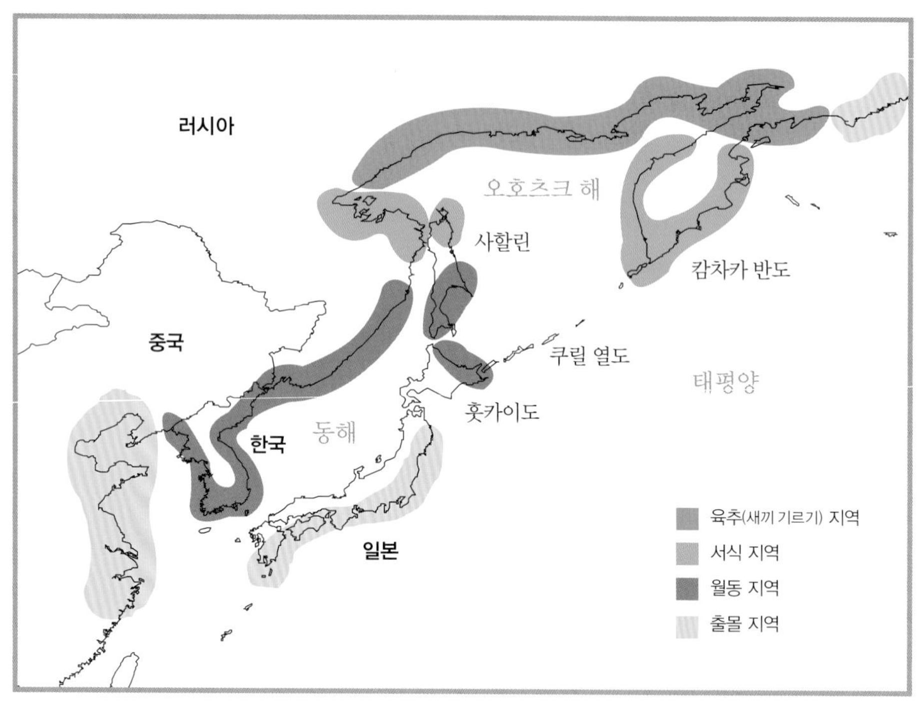

참수리 활동 영역

우리나라에 머무는 시기는 12월 중순경부터 3월 초순까지로 약 3개월간이다. 내가 한강 팔당지구에서 가장 이른 시기에 관찰한 것은 12월 19일자였는데, 이미 다른 사람들이 관찰했다는 이야기를 듣고 찾아간 날이었기에 더 이른 시기에 왔다고 볼 수 있다. 가장 늦게 관찰한 일자는 3월 2일이었고 다른 사람의 기록에는 3월 7일로, 이즈음 우리나라를 떠난다고 할 수 있다.

크기와 종류

참수리는 수리과에서 매우 큰 수리에 속하며 대부분의 수리들과 마찬가지로 암컷이 수컷보다 크다. 암컷의 무게는 자연 상태의 먹이 섭취와 관련 있어 개체별로 차이가 있지만 평균 무게는 수컷보다 약 25퍼센트 더 무거워 약 6.2킬로그램에서 9.5킬로그램이다. 머리에서 꼬리까지의 길이는 암컷이 평균적으로 약 100센티미터, 수컷은 약 89센티미터 정도이며 날개를 폈을 때의 길이는 약 1.95미터에서 2.5미터로 수리 중에서는 가장 길다.

약 218종의 수리가 있고 그중에 영명으로 이글(Eagle)에 속하는 참수리(Steller's Sea Eagle), 흰꼬리수리(White-Tailed Sea Eagle)는 60여 개 이글류와 함께 분류되며, 주로 사체를 처리하는 독수리(Vulture)와는 구분한다. 『이글스!: 조류의 먹이*Eagles!: Bird's of Prey*』[1] 라는 책에서 무게, 크기, 날개 길이에 따라 톱(Top) 3에 속하는 수리류를 조사한 자료를 보면 참수리의 위용을 쉽게 알 수 있다.

무게

1. 참수리(Steller's Sea Eagle) - 약 9킬로그램
2. 필리핀수리(Philippine Eagle) - 약 8킬로그램
3. 남미수리(Harpy Eagle) - 약 7.5킬로그램

크기

1. 필리핀수리(Philippine Eagle) - 112센티미터

1 Gary Dickinson(Kindle edition, 2013)

2. 남미수리(Harpy Eagle) - 107센티미터
3. 참수리(Steller's Sea Eagle) - 105센티미터

날개

1. 참수리(Steller's Sea Eagle) - 2.5미터
2. 필리핀수리(Philippine Eagle) - 측정한 것 가운데 가장 긴 날개는 2.5미터
3. 남미수리(Harpy Eagle) - 2.2미터

참수리는 두 가지 아종이 있는데 한 종은 한국참수리라 하여 모두 8회에 걸쳐 채집한 기록이 있다. 그러나 정상적인 참수리 사이에서 한국참수리와 외형이 비슷한 변종이 태어난 경우가 있어 공식적으로는 인정하지 않는다. 이 아종의 특징은 앞머리, 어깨, 대퇴부에 흰색 깃털이 없는데 또 다른 학설로는 5~6년생의 어린 새로 추측하기도 한다. 한국참수리는 더 이상 관찰되지 않아 멸종한 것으로 추정하고 있다.

또 하나의 아종인 흰죽지참수리는 동북아시아에서 서식하고 중국 동북 지방과 일본에서 월동한다. 캄차카 반도와 아무르 지방에서 일부 집단이 정착해 월동하고 우수리 지방, 한국, 쿠릴 열도, 홋카이도 해안 등지에서도 월동한다. 분류학상 아종으로 구분하지만 참수리와 외관상 큰 차이는 없다고 한다.

우리나라에서 월동하는 참수리와 흰꼬리수리는 비슷한 서식 환경에서 생활한다. 실제로 참수리의 분포 지역은 동북아시아 일대에 한정된 데 비해서 흰꼬리수리는 유라시아 대륙 전역에 걸쳐 분포한다. 참수리보다 많은 개체 수가 우리나라에서 월동하는 흰꼬리수리의 분포 지역이 더 넓은 것은 당연하다. 이들과 비슷한 특징을 가진 미국 국조인 흰머리수리는 주로 북아메리카 대륙에 분포한다.

이 세 종류 수리의 주 서식지가 해안가 또는 강가이며 주된 먹이가 물고기라는 사실

은 이들의 관계가 밀접하다는 것을 보여준다. 흰꼬리수리와 함께 유라시아 대륙에, 그리고 흰머리수리와 함께 북미 지역 등에 널리 분포하는 검독수리(Golden Eggle)의 주 먹이가 육상의 포유류인 것을 고려하면 참수리, 흰꼬리수리, 흰머리수리 이 세 종류의 수리는 외형상의 차이점을 제외하곤 비슷한 환경에서 비슷한 형태로 생활하고 비슷한 사냥감을 사냥한다. 이러한 이유로 한 종류의 연구 결과로 다른 녀석의 특성까지 추론할 수 있다.

유라시아 대륙 전역에 분포하는 흰꼬리수리에 비해 동북아시아 일부 지역에만 서식하는 참수리는 빙하에서 비롯된 유전적 요소를 간직한 종으로 여긴다. 빙하기, 빙하의 경계선이었던 곳을 따라서 참수리가 분포하기 때문에 학계에서는 빙하와 관련해 진화했다고 추정한다.

참수리는 주로 해안가 절벽이나 강가에 서식하는데 흰꼬리수리나 흰머리수리와 서식지 형태가 같다. 이 참수리 역시 다른 수리류, 참매나 매처럼 두세 개의 대체 둥지를 100미터에서 1킬로미터 정도 떨어진 거리에 둔다. 지름이 약 250센티미터, 깊이가 150센티미터 정도로 큰 둥지를 나뭇가지 위나 절벽에서 노출된 곳에 만들기도 하며, 주로 범람원의 큰 나무에 둥지 틀기를 좋아한다. 덩치가 큰 참수리는 북아메리카의 흰머리수리 둥지와 비슷한 크기로 만든다고 알려져 있다.

2~3월의 구애 기간 중에는 둥지 근처에서 두 마리가 함께 하늘 높이 날아오르는 단순한 행동으로 서로 짝이 되었음을 확인하고 둥지를 보수하거나 새로 짓고 짝짓기를 한다. 4~5월에 두세 개의 알을 낳으며 그중 한 마리만 무사히 성조로 성장한다. 담비나 족제비 또는 까마귀의 침입으로 부화에 실패할 수도 있고, 바람이나 비로 둥지가 붕괴되는 등 번식 실패율이 약 25퍼센트에 이른다. 그 밖에 먹이 부족과 질병에서 성공적으

로 새끼를 키워내는 둥지는 약 45~67퍼센트이다. 먹이 조건이 아주 풍부하다면 새끼가 모두 성장하기도 한다. 약 39~45일 동안 알품기 기간을 거쳐 5월 중순에서 6월 말경에 새끼가 부화한다. 새끼는 8월~9월 초순경에 둥지를 떠나 날아다닌다.

겨울철 유빙의 이동과 함께 수많은 참수리들이 홋카이도로 이동한다. 사할린과 캄차카 반도에서 약 1,000킬로미터를 이동해 11월경 홋카이도에 첫 참수리들이 도착한다. 홋카이도에서는 2월 말경에 가장 많은 참수리를 관찰할 수 있으며 3월 말에서 4월경에 다시 서식지로 돌아간다.

월동지인 우리나라에서 서식지로 떠나는 시기는 3월 초순으로 위도상 더 북쪽인 홋카이도의 참수리들보다 더 이른 시기에 서식지로 돌아간다.

서식지에서의 주 먹이는 연어, 대구 등 약 2.2킬로그램~5킬로그램의 다 자란 물고기들로, 수심이 얕은 곳에서 사냥한다. 그러나 강 하류에 서식하는 녀석들은 주로 20~30센티미터 크기의 물고기를 잡아 새끼들에게 하루 2~3회 먹이를 공급한다. 연어가 산란하는 시기에는 산란을 마치고 죽은 연어가 주 먹이이다.

홋카이도로 이동하는 개체들은 이 시기에 태평양 대구가 가장 많이 잡히는 시기와 겹치기 때문에 대구를 잡는 어선 근처까지 접근하기도 한다. 먹이의 80퍼센트 이상이 물고기이며 나머지 대부분은 물새들이고 산새들 역시 사냥의 대상이 된다. 또한 지상의 포유류도 먹잇감인데, 참수리가 쉽게 먹이를 얻을 수 있는 청소동물의 역할을 겸하기 때문이다.

먼 거리에서 수리가 날고 있으면 참수리 성조는 금방 표시가 나 구분할 수 있지만 참수리 어린 새와 흰꼬리수리는 쉽게 구분할 수 없다. 가까운 거리라면 참수리 어린 새의 크고 노란 부리를 보고 흰꼬리수리와 쉽게 구분한다. 또한 참수리가 날고 있을 때는 쐐기형의 긴 꼬리로 흰꼬리수리와 구분할 수 있다.

그러나 참수리 어린 새가 흰꼬리수리 무리에 섞여 있으면 가까운 거리에서는 금방 표시가 나지만 먼 거리에서는 쉽게 구분할 수 없다. 몸의 깃털 색이 마치 흰꼬리수리 어린 새와 비슷하게 보여서 흰꼬리수리라고 생각하고 그냥 지나칠 때도 있다.

옅은 갈색의 날개깃과 부리가 연노랗고 꼬리깃이 하얀 흰꼬리수리 성조 역시 한강을 찾아오지만 그 수는 흰꼬리수리 어린 새만큼 많지 않다. 흰꼬리수리 성조의 하얀 꼬리깃을 위에서 보면 꼬리와 몸통이 만나는 부분에 동그랗고 까만 점이 찍혀 있다. 이 점이 개체마다 달라서 개체 사이의 구분이 어느 정도 가능하다.

짙은 고동색에 얼룩덜룩 흰 점이 박혀 있는 흰꼬리수리 어린 새는 한강에서 가장 많이 볼 수 있는 수리이다. 사람에게 예민하긴 하지만 참수리나 흰꼬리수리 성조보다는 덜해 운이 좋은 날에는 팔당지구 상하류 어디에서나 볼 수 있다. 그리고 흰꼬리수리 어린 새 사이에도 몸의 색이나 흰색 반점의 많고 적음이 분명해 이를 통해 개체 사이 구별이 어느 정도 가능하다.

어느 날, 아내의 퇴근 시간이 가까워질 때 마지막 탐조 길에 오른다. 마음속으로는 '지금쯤 어디엔가 흰꼬리수리들이 모여 있을 텐데'라고 생각하며 녀석들이 모일 만한 곳을 유심히 찾아본다.

그러나 아쉽게도 내가 조금 늦게 도착했나 보다. 수리들이 이미 먹이를 다 먹고 난 후 각자의 길로 가기 전의 상황이다. 참수리 어린 새, 흰꼬리수리 성조, 흰꼬리수리 어린 새가 어떻게 다른가를 보여주기라도 하듯 세 녀석이 모두 모여 있다.

대체로 참수리 어린 새가 덩치가 크고 공격성도 강해 흰꼬리수리 성조와 먹이 다툼에서 서열상 우위에 있음을 보여줄 때가 많다.

1 참수리 어린 새는 전체적으로 짙은 고동색을 띠며 꼬리깃도 쐐기형이다. 부리는 성조처럼 노란색이다.

2 흰꼬리수리 어린 새는 꼬리깃의 길이가 참수리보다 짧고 둥근형이다.

흰꼬리수리 성조는 꼬리와 몸통이 만나는 부분에 까만 점이 있다.

참수리 어린 새(오른쪽)와 흰꼬리수리 아성조(왼쪽)가 빙판 위에서 쉬고 있다. 흰꼬리수리보다 참수리의 덩치가 더 크다.

1 2

1 참수리 어린 새(왼쪽), 흰꼬리수리 성조(가운데), 흰꼬리수리 어린 새(오른쪽) 세 마리가 빙판 위에서 휴식을 취하고 있지만 이들 사이에 긴장이 흐른다.

2 흰꼬리수리 성조의 당당한 모습. 그러나 한강에서는 참수리의 위용에 가려 언제나 이인자의 자리에 머문다.

참수리의 명성에 밀려 흰꼬리수리에 관심이 덜하지만 흰꼬리수리 역시 환경부에서 지정한 멸종위기 야생생물 1급, 문화재청에서 지정한 천연기념물 243-4호에 올라 있고, 상대적 크기는 참수리보다 약간 작지만 날개 길이로만 따지면 참수리에 이어 수리로는 두 번째로 긴 귀한 녀석이다.(날개 길이가 약 2.4미터이니 평균으로 따지면 필리핀수리보다 길다.)

시력

수리는 기본적으로 시력이 뛰어나다. 먼 거리에 있는 먹잇감을 찾거나 숲 속의 동물이나 풀숲 사이의 먹잇감을 찾아내는 수리의 시력은 놀랍다. 흰꼬리수리는 일반 수리의 눈과 비슷하지만 참수리는 흰꼬리수리보다 외형적으로 눈이 작아 보인다.

시력이 뛰어난 사람을 일컬어 매의 눈, 독수리의 눈이라고 하듯 우리는 오래전부터 매를 비롯한 맹금류의 비상한 시력을 알고 있었다. 매와 독수리가 시력이 뛰어난 한 가지 이유는 안구 뒤쪽에 있는 시각적 민감점인 중심와(중심 오목이라고도 하며, 망막의 중심부에 초점이 맺히는 부분)가 사람과 달리 두 개이기 때문이다. 중심와는 안구 뒤쪽의 망막에 움푹 파인 작은 구멍으로 여기에는 혈관이 없으며 광수용기(빛을 탐지하는 세포)가 밀집해 있다. 이런 이유로 중심와는 망막에서 상이 가장 선명하게 맺히는 부위이다.

『새의 감각*Bid Sense*』[2] 이라는 책에는 맹금류의 시각에 관한 과학적 결과가 자세히 나와 있는데 이를 참고해 요약하면 다음과 같은 사실을 알 수 있다.

2 팀 버케드Tim Brikhead 지음, 노승영 옮김(서울: 에이도스, 2015)

맹금류에게는 두 개의 중심와가 있는데 얕은 중심와는 홑눈이며 대개 근접 시야에 관여한다. 이에 비해 머리 쪽 약 45도를 향한 깊은 중심와는 망막에 공 모양으로 움푹 파여 있어서 망원렌즈의 볼록렌즈 역할을 한다. 낮 동안 선명한 상을 보기 위해 눈의 크기를 늘이고 상을 확대하여 해상력을 높인다. 깊은 중심와의 위치 덕에 맹금류는 어느 정도 양안시(입체감과 거리감)를 얻을 수 있는데 이는 빠르게 움직이는 먹잇감의 거리를 파악하는 데 꼭 필요하다. 맹금류의 눈은 안구를 잘 움직일 수 없어서 무엇인가를 살필 때는 고개를 움직여야 한다.

또한 맹금류가 놀라운 시력을 자랑하는 비결은 망막에 광민감성 세포가 밀집해 있기 때문이다. 광민감성 세포는 광수용기라고도 하는데 간상세포(막대세포)와 원추세포(원뿔세포) 두 가지가 있다. 간상세포는 옛 고감도 흑백 필름과 같아 어두운 빛도 탐지할 수 있다. 이에 반해 원추세포는 저감도 컬러 필름 같아 해상도가 높으며 광량이 풍부할 때 뛰어난 성능을 발휘한다. 맹금류의 눈은 시각 정밀도가 뛰어나 세세한 부분까지 볼 수 있다. 맹금류의 원추세포의 수는 1제곱밀리미터당 약 100만 개이고 사람은 약 20만 개이다. 그래서 인간보다 훨씬 더 많은 색채를 감지할 수 있다. 또한 인간의 눈이 세 가지 색(빨강, 녹색, 파랑)의 조합으로 색을 구별할 수 있는 반면, 맹금류는 다섯 가지 기본색의 조합으로 색을 구별할 수 있어 인간보다 더 다양한 색을 감지할 수 있다고 한다.

새는 포유류에 비해 눈이 크다. 이를 단순화해서 표현하면 눈이 클수록 시력이 좋다. 날면서 충돌을 피하거나 위장술이 뛰어난 먹잇감을 잡으려면 시력이 매우 좋아야 한다. 새의 눈이 겉보기에 작아 보이는 것은 동공을 빼고는 모두 깃털로 덮여 있기 때문이다. 몸 크기에 대비해 새의 눈은 포유류 눈보다 두 배 가까이 크다.

흰꼬리수리의 눈은 지름이 46밀리미터로 몸집이 열여덟 배 큰 타조와 비슷하다. 눈의 크기가 중요한 이유는 눈이 클수록 망막에 맺히는 상이 크기 때문이다. 눈이 크면 시력이 좋다는 유리한 점도 있지만, 묵직하고 액체로 가득 찬 구조여서 눈이 클수록 날기에 불편하다. 이렇듯 머리가 무거우면 나는 데 불편하므로 눈 크기에는 한계가 있다.

맹금류는 색 정보와 시력이 뛰어나므로 아주 먼 거리에서도 먹이를 쉽게 발견할 수 있다. 맹금류의 시력에 관해서는 아직 명확하게 밝혀지지 않은 부분이 있어 자료마다 약간씩 다르지만 검독수리가 사냥할 때는 1킬로미터 밖의 토끼를 구별할 수 있고 흰머리수리도 비슷하다고 한다. 이러한 점을 고려하면 참수리 역시 검독수리처럼 1킬로미터 떨어진 곳에 있는 먹잇감을 찾을 수 있다고 본다.

또한 새들은 아래위 눈꺼풀 밑에 열리고 닫히는 순막(눈의 각막을 보호하는 얇고 투명한 막)이 발달해서 삶과 죽음의 두려움에 격렬하게 저항하는 먹잇감과 싸울 때 순막을 닫아 눈을 보호한다. 순막은 하늘을 날 때, 바람과 먼지를 피하는 데도 유용하다. 수리의 눈 위에는 뼈가 볼록 튀어나와 있는데 이는 눈 아래 그늘을 만들어 눈부신 햇살에 눈을 보호하는 역할을 한다. 마치 야구 선수들이 눈부심을 방지하려고 눈 밑에 검은 스티커를 붙이는 것과 같다.

최근의 연구 결과로는 뇌의 편측화(한쪽으로 치우친다는 뜻) 현상과 같은 눈의 편측화 현상이 새의 눈에서 관찰되었다. 좌·우측의 뇌가 각각 담당하는 기능이 뚜렷한 것을 뇌의 편측화라고 하는데 새들의 눈 역시 어릴 때의 경험으로 좌·우측 눈의 기능이 다르다. 이를 눈의 편측화라고 하는데 한쪽 눈으로 감시하면서 다른 쪽 눈은 잠을 잘 수 있다. 다소 조건이 까다롭긴 하지만, 쉽게 말해 왼쪽이 자고 있다면 오른쪽 뇌(우반구)가 휴식을 취하는 중이고, 오른쪽 눈으로 감시하고 있다면 이와 연결된 왼쪽 뇌(좌반구)가 활발하게 정보를 처리하고 있다.

1 물속에 들어갈 때나 바람과 먼지를 피할 때 순막을 닫고 비행하는 참수리.

2 바람이 강하게 부는 날 순막을 닫고 낮게 비행하는 흰꼬리수리.

이렇게 수리는 인간보다 발달한 시력으로 멀리까지 볼 수 있고 색에 대한 많은 정보를 얻을 수 있으며, 눈을 보호하는 다양한 보호 장치를 지니고 있어 멀리 있는 먹잇감의 위치와 움직임에 관해 더욱 정확한 정보를 얻는다.

참수리와 독수리

한강 변에서 만나는 사람들뿐만 아니라 대부분 사람들은 내가 카메라에 담고 있는 새에 대해 잘 모른다. 결국 설명을 쉽게 하려고 독수리를 담는다고 하면 그제야 '아! 독수리' 하며 반가워한다.

나 역시 예전에는 참수리보다 독수리에 친숙했고, 독수리가 하늘의 제왕이라고 생각했다. 그러나 녀석의 생태를 알게 되면서 하늘의 제왕이라고 하기에는 그 습성이 너무나 천박하다는 것을 알게 되었다. 같은 수리라도 참수리와 독수리는 사냥할 수 있느냐, 없느냐에 큰 차이가 있다.

우리가 알고 있는 독수리는 스스로 사냥하지 못하고 남이 먹다 버린 것, 또는 자연사한 동물을 치우는 청소부이다. 어떻게 청소부에게 하늘의 제왕이라는 이름을 붙일 수 있을까? 독수리와 아메리카 대륙에 사는 콘도르 모두 스스로 사냥하지 못한다. 이들이 참수리나 흰꼬리수리보다 덩치가 크고 날개도 더 길지만 그것만으로 하늘의 제왕이라는 칭호를 얻을 수는 없다.

그에 비해 참수리는 스스로 사냥하는 사냥꾼이다. 참수리가 하늘에 모습을 보이면 물 위에서 헤엄치거나 사냥하던 새들은 한순간에 두려움과 공포에 휩싸인다. 이렇듯 모든

새를 두려움에 떨게 하는 참수리가 당연히 하늘의 제왕이라는 칭호를 가져야 한다.

2010년 겨울, 독수리를 보려고 작은 희망으로 철원에 갔지만 먼 거리에서 조그마한 형체로 보일 뿐이었다. 독수리가 있는 민통선 안으로 들어가려면 군 초소를 통과해야 해서 가까이 갈 수 없었다. 가까이 보지 못하는 아쉬움에 먼발치에서 독수리를 바라보며 사진에 담았다.

가끔 우리 동네 왕숙천 가까이 하늘을 맴도는 독수리를 보곤 한다. 때로는 독수리가 먹이를 찾으려고 선회하는 모습을 거실에 누워서 볼 때도 있다. 하지만 언제나 하늘 높은 곳에서 빙빙 도는 모습이었다.

조금만 더 가까이 볼 수 있는 곳이 없을까 하는 마음으로 철원의 들판을 헤매었다. 민통선 밖 철원의 끝 마을 지경리까지 갔다가 돌아 나오는 길에 하늘을 수놓은 독수리 떼를 만났다. 철원 문혜리에서였다. 당시에는 사람들이 별로 없었지만, 지금은 해마다 겨울이 되면 많은 사람이 모여든다. 독수리가 떼를 짓는 모습은 곧 근처에 먹이가 있다는 것을 뜻한다.

그때 독수리들이 내려앉은 논바닥 앞에서 하얀 웃옷을 입은 식당 주방장이 먹이를 던지고 있었다. 독수리들은 그 먹이를 먹으려고 논바닥에 모여 있고 일부 녀석들은 하늘을 까맣게 맴돌았다.

주위에 보이는 사람도 없고 오로지 나 혼자 독수리를 만난 셈이었다. 덩치가 큰 독수리들을 가까이에서 보는 것이 좋긴 했지만, 금방 내 호기심은 시들해졌다. 전혀 정돈되

1 2013년 철원의 독수리들 사이에 참수리 어린 새 한 마리가 끼어들었다. 독수리에 비해 덩치가 조금 작지만 사냥꾼으로서의 본능을 지닌 참수리는 독수리의 먹이를 가로챈다.

2 독수리들 틈에서 전혀 주눅 들지 않고 그들과의 다툼도 마다하지 않는 참수리 어린 새. 덩치가 크다는 이유만으로 하늘의 제왕이라는 칭호를 얻을 수는 없다.

지 않은 지저분한 날개깃 그리고 전체적으로 위엄이 느껴지지 않았다.

지저분한 깃털과 떼로 모여들어 먹을 것을 먼저 먹겠다고 서로 싸움질하는 독수리에 대한 호기심과 이 녀석을 찾아 헤매던 열정이 사라졌다.

그 후로도 해마다 겨울이 되면 철원 문혜리를 찾아간다. 하지만 독수리를 보러 가는 것이 아니라 독수리와 함께 월동하는 흰꼬리수리들을 보기 위해서다. 독수리처럼 사람 가까이 오지 않으면서, 독수리들이 물고 있는 먹이를 빼앗는 흰꼬리수리들의 활발한 움직임이 더 좋기 때문이다.

서식지로 돌아간 참수리들에게도 한겨울 혹한을 견디지 못하고 죽은 수많은 포유류의 사체는 주 먹잇감이다. 그러나 월동지에서 스스로 먹잇감을 사냥하려고 하늘 높이 날아올라 뭇 새들을 공포에 떨게 하는 참수리와 흰꼬리수리야말로 하늘을 지배하는 제왕이 아닐까?

2장

한강

한강에서의 참수리 기록

한강을 찾는 참수리

활동 영역

숨은그림찾기

한강에서의 참수리 기록

『한반도의 조류』[3] 라는 책에서 우리나라 참수리의 채집이나 발견 기록을 보면 1926년 10월 경기 지방에서 채집한 참수리와 1911년 11월에 채집한 참수리 아종이 가장 오래된 것으로 되어 있다. 또한 이 책에는 1968년 한강 하구에서 관찰한 기록이 있다. 비록 참수리에 대한 이전 기록은 남아 있지 않지만, 아주 오래전부터 동북아시아에서 번식하며 살아왔던 종에 대한 기록이 없다는 이유로 약 100년도 안 된 시기부터 한강에 찾아들었다고는 할 수 없다. 오래전부터 한강에 찾아왔지만 사람들의 관심 밖에 있었던 탓에 알지 못했을 뿐이라고 추측한다.

한강 팔당지구에서 언제부터 참수리가 발견되었는지에 대한 정확한 기록은 남아 있지 않다. 오랫동안 이 지역에 사는 분들의 이야기로는 10여 년 전에도 이 지역에서 관찰되었다고 한다. 현재 하남 고니학교 교장인 서정화 선생이 한 일간지에서 인터뷰한 내용에 따르면, 2003년에 참수리 어린 새 한 마리가 발견되었고 그 이후로도 계속 관찰되고 있다.

사진으로 남아 있는 한강에서의 참수리 기록을 찾아본 결과, 2006년 12월 이전의 사진 기록에는 참수리 성조의 모습은 볼 수 없고 참수리 어린 새만 있다. 그러다가 2006년 12월 이후, 드디어 왕발이(참수리 A) 촬영에 성공, 우리나라 모 클럽 생태 갤러리에 참수리 성조 사진이 처음으로 게시된다. 그리고 1년 후 또 다른 참수리 성조 한 마리를 촬영, 적어도 참수리 성조 두 마리를 매년 한강 팔당지구에서 꾸준하게 촬영한 셈이다.

3 원병오, 김화정 공저(서울: 아카데미서적, 2012)

이후 매년 겨울이 되면 참수리 성조가 한강을 찾아온다. 해마다 많은 사람들이 참수리 성조 A(왕발이)를 중점으로 여러 개체를 촬영한 사진들을 개인 블로그와 각종 조류생태 갤러리에 올린다. 나 역시 2010년 12월 첫 촬영 이후, 해마다 참수리 A가 나의 모델이 되어주어 여느 참수리들보다 더 깊은 애정으로 녀석을 기다리고 있다.

한강을 찾는 참수리

겨울이 오면 얼마나 많은 개체 수의 참수리와 흰꼬리수리가 한강에 찾아올까? 그리고 같은 개체가 해마다 한강을 찾아오는가? 참수리 탐조를 시작하면서 이런 궁금증이 일기 시작했다. 그러나 겨우 한 시즌 탐조를 시작한 내겐 아무 자료도 없었다.

나는 매년 한 시즌이 끝날 때마다 참수리 A(왕발이)를 제외한 다른 개체도 구별할 수 있으면 좋겠다는 바람이 생겼다. 한강을 찾는 흰꼬리수리는 개체별로 일부 구분할 수 있으나 매년 같은 개체가 오는지는 구분하기 쉽지 않다. 성조와 어린 새 정도로만 구분할 수 있는 흰꼬리수리와 달리, 참수리는 어깨 부분의 하얀 깃이 각 개체 간 모양이 달라 개체 간 구별도 가능해 매년 같은 개체가 온다는 것을 알 수 있다. 하지만 날개를 보는 각도에 따라 모양이 약간 다르게 보여 사진상으로 일일이 대조해 같은 개체임을 확인해야만 한다.

또한 먼 거리에서 찍힌 희미한 사진으로는 정확히 구분하기 어려워 날개 모양과 흰색 깃을 확인할 수 있을 정도의 선명한 사진이 필요하며, 오랜 기간에 걸쳐 촬영한 사진과 연속 촬영한 사진들을 비교해야 하는 번거로움이 따른다. 그래서 매년 찾아오는 녀석들

참수리 A(왕발이)는 성조로 발견된 2006년 이후로 2015년까지 꾸준히 한강에 찾아든다. 날 때 한쪽 발을 완전히 가슴에 붙이지 않는다.

에게 임시로 알파벳이나 번호 또는 별명을 붙여 구분을 쉽게 하려고 노력했다. 사진에 담긴 개체 중 일회성으로 촬영한 개체나 다른 사람이 담아서 올린 사진 가운데 어깨 무늬가 명확히 구분되는 개체 중에 나의 자료와 일치하지 않는 참수리는 별도의 알파벳으로 붙였다.

매년 참수리 성조 세 마리가 꾸준히 한강 팔당지구에 찾아든다. 이렇게 지속적으로 찾아드는 개체들에게 초기부터 별명을 붙였다.

보통의 맹금류는 두 발을 모두 몸속에 감추고 나는데 참수리 A는 오른쪽 발이 항상 밖으로 나온 상태에서 날아다니고 그 오른쪽 발이 무척이나 크다. 그래서 이름을 왕발이라고 붙였다.

하지만 시간이 지남에 따라 암컷으로 밝혀져 이름을 바꾸려고 했으나 처음 이름으로 계속 부르기로 했다. 이미 모 클럽 게시판에도 이 이름으로 사진을 계속 올려 많은 사람이 왕발이라는 이름에 익숙해졌기 때문이다. 성조 왕발이는 2007년 시즌(2006.12.~2007.3.) 이후 2015년 시즌까지 매년 한 번도 거르지 않고 한강에 찾아든다.

2011년 시즌에 본 참수리 B는 왕발이와 달리 몸통 아래 발목까지 하얀 깃털이 인상적이라 멋쟁이란 별명을 붙였다. 군더더기 하나 없는 깨끗한 몸통과 날카로운 발톱을 가슴에 붙이고 사냥하기 위해 날아가는 모습이 너무나 멋져 붙인 이름이다. 왕발이보다 늦게 팔당에 찾아들었고, 초기인 1월 중반까지는 팔당댐에서부터 왕발이 영역까지 넓은 구역에서 자주 목격되었다. 하루 한두 차례는 왕발이와 꼭 붙어 있었으나 1월 후반에는 왕발이와 떨어져 주로 검단산 자락의 숲에서 한강을 내려다보는 시간이 길어 만나기가 힘들어졌다.

그러나 이 개체는 2012년 시즌(2011.12~2012.3)에는 보이지 않았다. 나는 그 이유를 여

1 2

1 참수리 성조 B는 몸통에 검은 반점 하나 없고 날개깃과 꼬리깃을 항상 깨끗이 유지해 멋쟁이라고 이름 붙였다.
2 참수리 성조 B가 날아갈 때는 왕발이와 달리 두 발을 모두 가슴에 붙인다.

러 가지로 생각해보았는데, 첫 번째는 그해 한강에서 참수리를 만나기가 어려웠던 점을 들 수 있다. 날씨가 춥지 않다 보니 얼음이 얼지 않아 참수리들이 한강의 한가운데로 모여들어 작은 점으로만 관찰되었다. 그렇기에 참수리 B가 한강에 왔지만 눈에 띄지 않았을 수도 있다. 그리고 두 번째는 실제로 한강에 오지 않은 경우이다. 그러나 2013년 시즌부터는 계속 한강에 찾아든다. 왕발이보다 훨씬 예민해 사진에 쉽게 담을 수 없는 녀석이다.

몸통 아랫부분에 검은 깃털이 많은 참수리 C는 검댕이라고 이름을 붙였다. 검댕이를 제외하고 한강에 찾아드는 다른 개체의 몸통 끝부분은 모두 하얀 깃털로 덮여 있지만 이 개체만은 몸통 아랫부분에 얼룩덜룩한 검은 깃털이 있다. 이 개체는 2011년 시즌(2010.12.~2011. 3.)에는 보이지 않다가 2012년 시즌(2011.12.~2012. 3.)에 모습을 드러낸 이

참수리 성조 C. 몸통 아랫부분에 검은색 깃털이 많아 검댕이란 이름을 붙여주었다.

후 매년 한강을 찾아오고 있다.

이 개체에 대해 한 가지 추정이 가능했던 것은 2015년에 자료 조사를 진행하면서 찾은 사진 때문이다. 2010년 시즌 중에 어린 새 단계를 거의 벗어난 4~5년 차의 아성조(어미새와 깃털 모양이 비슷하나 아직 아린 새의 모습이 약간 남아 있는 청소년기의 새) 참수리 한 마리를 누군가 팔당지구에서 촬영하여 모 클럽 생태 갤러리에 올렸는데, 그 아성조의 몸통이 검댕이의 몸통과 비슷했다.

그 사진을 제외한 사진 자료를 더 이상 찾을 수 없어 2010년 시즌(2009.12.~2010.3.)의 그 아성조가 자라 참수리 C(검댕이)가 되지 않았을까 하는 추측만 하고 있다.

그 밖에도 한강 수계에 2년 정도 찾아들다가 다른 곳으로 이동한 참수리 D와 다른 월동지를 찾아 헤매던 개체일 가능성이 큰 참수리 E가 있다. 특이하게 참수리 D는 2011

참수리 성조 D. 2011년 시즌과 2012년 시즌에 한강에 나타났으며, 모 일간지에 소개되었다.

년 시즌, 2012년 시즌 연속해서 한강에 나타났다. 그때 당시에는 왼쪽 날개깃 하나가 빠져 있어 구분하기가 쉬웠다. 이 개체는 한강에 참수리가 살고 있다는 내용으로 일간지에 소개되었고, 2013년 이후에는 한강에서 더 이상 보이지 않다가 2015년 2월에 금강 수계에서 담은 사진 중에 어깨 무늬가 비슷한 참수리를 발견했다.

이 개체를 담은 분은 2014년에도 이 개체를 사진에 담았는데, 그해에도 같은 자리에 앉아 사냥감을 기다리는 모습 등 습성이 비슷하여 동일한 개체로 추정했다. 만약 이 개체가 한강을 찾았던 개체라면 처음 한강 수계에 찾아든 이후, 충청권의 금강 수계로 월동지를 옮긴 것은 아닐까.

2013년 시즌의 행방은 알 수 없지만, 2014년 시즌과 2015년 시즌, 2년에 걸쳐 금강 수계에서 촬영된 것으로 보아 월동지를 옮긴 것이 분명하다. 어떤 이유로 월동지를 옮겼는지 알 수는 없지만 한번 한반도에 온 개체는 계속해서 우리나라를 찾는다는 사실을

참수리 성조 E는 한강에서 두 번밖에 촬영되지 않아 잠시 한강을 거쳐 간 것으로 생각해 떠돌이라는 이름을 붙였다.

비로소 알게 되었다.

2013년 시즌에는 팔당에서, 2014년 시즌에는 한강과 중랑천의 합류 지점에서 잠시 모습을 보인 참수리 E가 있다. 2013년 시즌에 내가 촬영해 많은 궁금증을 일으켰다가 2014년 시즌에는 다른 장소에서 다른 사람이 촬영해 그 궁금증을 풀어준 고마운 개체이다. 하지만 2015년 시즌에는 만나지 못했다. 이 개체 역시 참수리 D와 마찬가지로 우리나라 어느 곳에서 겨울을 났을지도 모른다.

그리고 한강에서 촬영했지만 사진 자료로는 확인할 수 없는 개체가 있다. 2013년 시즌에 내가 촬영한 1번 참수리와 2014년 시즌과 2015년 시즌에 다른 사람이 촬영한 참수리가 각각 한 마리씩 있다.

이런 자료를 종합하면 2011년 시즌에는 참수리 성조 세 마리, 아성조 한 마리를 포함해 모두 네 마리가 한강에서 월동했으며, 2012년 시즌에는 참수리 성조 세 마리에 참수

참수리 성조 세 마리가 동시에 보일 때도 있지만 이렇게 두 마리는 같이 붙어 있고 한 마리는 외따로 떨어져 있는 경우가 많다.

리 어린 새 한 마리 등 네 마리가 한강에서 생활했음을 알게 되었다. 2013년 시즌에는 참수리 성조 다섯 마리, 참수리 어린 새 한 마리가 확인되어 가장 많은 수의 참수리가 한강에서 월동했다.

2014년 시즌에는 내가 담은 사진이 없다. 이 시기에 가족과 함께 해외여행을 떠났기 때문이다. 그러나 개인 블로그와 생태 갤러리에 올라온 사진들을 일일이 확인해본 결과, 참수리 성조 네 마리가 팔당에서 촬영되었고, 그중 한 마리는 자료가 불충분해 어떤 개체인지 알 수 없었다. 이 시즌에서 참수리 어린 새에 대한 기록은 확인하지 못했다.

2015년 시즌에는 매년 고정적으로 촬영되는 참수리 A, C와 초기에 잠시 모습을 드러냈다가 사라진 성조 B와 참수리 어린 새 한 마리 등 모두 네 마리를 확인했다.

가장 많은 참수리 성조를 보았던 해는 2013년 시즌으로 모두 다섯 마리를 확인했고, 그 밖의 시즌에는 평균 세 마리가 꾸준히 한강을 월동지로 이용했다.

참수리 어린 새는 2011년에 딱 한 번 한강의 흰꼬리수리들이 모여 있는 자리에 모습을 드러냈을 뿐 이후로는 보이지 않았다. 그리고 2012년 시즌과 2013년 시즌에 참수리 어린 새 한 마리가 팔당 지역을 찾아왔으나 같은 개체인지는 확인하지 못했다. 2011년 시즌과는 달리 이 두 시즌에는 흰꼬리수리들이 있는 곳에서 참수리 어린 새가 쉽게 관찰되었다.

그러나 2015년에는 또다시 2011년처럼 한강에 있다는 것을 알면서도 그 모습을 보기가 정말 어려워 겨우 한두 번 보았을 뿐이다. 아마도 이 녀석의 활동 지역이 경안천 일대가 아닐까 싶다.

활동 영역

일시적으로 찾아오는 참수리를 제외하고 매년 정기적으로 찾아오는 녀석들의 활동 범위는 시기에 따라 조금씩 다르고, 개체별로도 활동 영역이 다르다. 서식지에서 생활하던 녀석들이 우리나라에 찾아들 즈음은 팔당호의 물이 얼지 않은 시기이다. 각종 오리와 큰고니들이 팔당댐 안에서 관찰되고, 참수리 역시 예외는 아니어서 팔당호의 소내섬에 앉아 있는 모습이 종종 관찰되곤 한다. 이 시기에 참수리는 경안천 하류 지역까지 포함해 넓은 영역에서 사냥하기 쉬운 장소를 찾는다.

그러나 팔당호가 얼기 시작하면 오리와 큰고니는 물이 얼지 않은 지역을 찾아 경안천

또는 팔당댐 아래로 이동하기 시작한다. 참수리와 흰꼬리수리도 팔당댐 아래부터 서울-춘천 간 고속도로인 이패대교까지를 주 활동 영역으로 삼는다. 이렇게 활동 영역이 좁아지지만, 주 활동 영역 안에서도 참수리마다 좋아하는 곳이 있어 어떤 특정 지역에서 보이는 참수리가 어느 녀석인지 추측할 수 있지만 항상 정확하지는 않다. 이는 좋아하는 지역은 있지만 각자의 영역이 따로 정해져 있지 않다는 것을 뜻한다. 때로는 모든 녀석이 근처 한곳에 모여 있기도 하고, 두 녀석이 같은 장소에 가까이 붙어 있을 때도 있다. 가장 예측하기 쉽고 구분도 쉬운 왕발이 역시 의외의 장소에서 만나기도 한다.

다시 날씨가 풀리기 시작하고 얼음이 녹으면 먹잇감인 오리들이 넓은 영역으로 흩어지고, 참수리나 흰꼬리수리가 물고기를 사냥할 사냥터 역시 점점 넓어지기 시작한다. 이렇게 녀석들의 활동 범위가 처음 한강에 올 때처럼 팔당호와 경안천까지 구역이 넓어지고, 동지가 지나 낮이 점점 길어짐에 따라 참수리가 한강에서 보내는 시간도 길어지지만, 녀석들을 만날 확률은 점점 줄어든다.

팔당대교에서 이패대교에 이르는 한강 수계 전경

• 상류 지역

해마다 같은 지역을 이용하지는 않지만 팔당댐 하류에서 팔당대교까지의 활동 영역은 강폭이 다른 지역에 비해 좁고 강 한가운데 바위들이 곳곳에 있어 철새들이 휴식과 먹이 활동을 하기 좋은 곳이다. 비록 강폭은 좁지만 사람들이 접근하기 어려운 강 한가운데 있는 바위들은 초겨울의 시작과 함께 고니들의 쉼터이기도 하다. 또한 아무리 추운 날씨가 이어져도 팔당댐의 방류로 언제나 물길이 생겨 잠수성 오리와 수면성 오리가 먹이 활동을 하는 곳이고 작은 바위들로 여울이 생겨 물고기들이 휴식을 취하는 장소로, 팔당대교 상류는 참수리나 흰꼬리수리들이 비교적 사냥하기 쉬운 곳이다.

안개가 끼지 않는 아침이면 팔당댐 위로 붉은 해가 떠올라 따뜻하면서도 옅은 아침 햇살이 강과 바위에 퍼져 아름다운 풍경을 자아낸다. 강 전체가 겨우내 얼음으로 덮이는 경우는 없지만 추위가 며칠 동안 이어지면 강 한가운데 물길이 나는 곳을 제외하고 강가에는 얼음이 언다.

2015년 시즌, 예년 같으면 수심이 얕은 곳은 이미 강 한가운데까지 얼음이 얼어 흰꼬

1 2

1 흰꼬리수리 어린 새는 한강의 폭이 좁은 상류 지역의 바위에서 가끔 정찰과 휴식을 취한다.

2 흰꼬리수리는 사냥 장소가 정해진 것은 아니지만 각자 좋아하는 장소가 있다.

리수리들이 바위보다 빙판 위에 앉아 있었을 터이지만, 날씨가 춥지 않아 새벽에 잠깐 강가 쪽만 살짝 얼다가 낮에는 녹아버린다.

강 한가운데까지 얼음이 얼 때는 흰꼬리수리가 여러 마리 모여 빙판 위에 앉아 있을 때도 있지만 이렇게 얼지 않으면 흰꼬리수리들이 휴식을 취할 수 있는 곳은 바위 위나 산속의 시야가 확 트인 나무뿐이다. 이 지역은 도로에서 200미터가 채 되지 않아 참수

참수리는 팔당대교 상류 지역의 바위에는 먹이를 빼앗기 위함이 아니면 잘 내려앉지 않는다. 오랜만에 모습을 보인 참수리 D(사냥꾼)는 흰꼬리수리의 먹이를 빼앗지 못하자 보기 드물게 수면 위 비행을 하며 바위에 내려앉는다.

멀리 팔당댐 위로 붉은 해가 솟아오를 무렵 참수리와 흰꼬리수리가 한강으로 내려온다.

리나 흰꼬리수리 성조가 이곳 바위에 앉아 있는 모습을 보기가 쉽지 않다. 흰꼬리수리 어린 새는 이곳을 사냥터로 삼아 월동하는 녀석이 있어 심심찮게 보인다. 그러나 항상 예외는 있는 법, 한 시즌 중 한두 번 운이 좋으면 이곳 상류 바위에 앉아 있는 참수리 성조의 모습을 볼 수 있다.

• 팔당대교

팔당대교는 참수리나 흰꼬리수리에게는 하나의 걸림돌이다. 우리가 보기에는 새들이 팔당대교 아래위로 쉽게 통과할 것 같지만, 그들은 팔당대교를 위협 요소가 많은 곳으로 생각하는 모양이다.

2012년, 참수리에 관해 제법 많은 것을 알고 그들의 행동을 이해했다고 생각해 앞으로 더 많은 사진을 담을 수 있으리란 확신이 있었다. 그러나 참수리들은 한 해 전에 보여주었던 모든 경로와 특성을 버리고 마치 새로운 새가 되어 돌아온 것만 같았다.

여느 때처럼 저녁 시간에 이용하던 예봉산으로 들어가는 경로도 이용하지 않는다. 그 경로상에 사람들이 있긴 했지만 사람들을 피해 더 아래쪽이나 위쪽으로 이동하리라 예상하면 어느새 한강 물길을 거슬러 올라 팔당대교 아래쪽을 에둘러 이동한다. 재빨리 팔당대교로 가면 어느새 녀석은 다시 예전 경로를 이용한다. 마치 나를 놀리기라도 하듯, 나를 알아보기나 하듯이 말이다.

당정섬 옆 작은 바위에 참수리 한 마리가 앉아 있다. 이번에는 어느 방향으로 날아갈까. 내가 선택할 수 있는 거리는 2킬로미터가 넘는 구간이니, 결국 한 곳만 선택해야 한다. 어디를 선택할까? 예전에 부산 태종대에서 매를 담았던 것처럼 한강을 아래에 두고 참수리를 사진에 담고자 팔당대교 위를 선택했다. 사람이 걸어 다니는 길이 있긴 하지만 대교 위로 걸어 올라가기에는 상태가 별로 좋지 않다.

참수리와 흰꼬리수리가 팔당대교를 지나는 방법은 두 가지이다. 팔당대교 위로 넘어가거나 팔당대교 아래 수면 위로 날갯짓하며 대교 다리 사이를 빠져나가는 것이다. 이렇게 지나가는 모습을 언제나 멀리에서만 지켜보았다. 특히 팔당대교를 지나자마자 위쪽으로 고압전선이 대교와 나란히 한강을 가로지르고 있다. 이 전선을 통과하려면 참수

참수리가 곡예비행을 하며 고압전선 사이를 통과한다.

리나 흰꼬리수리는 곡예비행을 해야만 한다. 전선 훨씬 위나 아래로 통과하면 될 것 같은데 언제나 그곳에선 날개를 꺾고 몸을 비틀며 방향을 바꿔 고압전선 사이를 통과한다. 마치 기계체조 선수가 공중에서 몸을 회전하는 듯한 동작을 하면서 빠져나갈 때에는 혹시 감전사고라도 날까 봐 내 마음이 다 조마조마해진다.

대교 위로 사람이 지나가면 녀석이 사람을 피해서 가는 것을 이미 알고 있어 난간에 몸을 숨기고 내가 있는 방향으로 날아오기만을 바라며 기다린다. 그러나 잠깐 다른 곳을 보는 사이 바위에 앉아 있던 녀석이 보이지 않는다. '오늘도 실패구나' 하는 생각에 갑자기 허탈해진다. 하지만 녀석을 담지 못하더라도 녀석의 위치를 확인하면 다시금 기회가 생길지도 몰라 주변을 자세히 살펴본다. 참수리가 보인다. 대교 위에 있는 나를 향해 정면으로 날아오고 있다.

최대한 가까이 다가올 때까지 난간 사이에서 녀석에게 눈을 떼지 않고 숨죽여 기다린

팔당대교 위를 통과하는 참수리는 차 안에 있으면 더 쉽게 볼 수 있다.

다. 드디어 녀석을 담을 수 있는 거리까지 왔다. 카메라를 들고 조용히 일어난다. 순간 렌즈 안으로 녀석이 들어왔다. 참수리 A(왕발이)이다. 그러나 렌즈로 바라본 녀석은 갑자기 나타난 나를 보며 놀란 기색이다. 곧장 나를 지나 대교 아래로 향할 듯한 녀석이 갑자기 예봉산으로 방향을 바꾸며 고도를 높인다.

맹금류는 자기보다 위쪽에 경쟁자가 있는 것을 싫어한다는 이야기를 들은 적이 있다. 하지만 태종대에서 매 사진을 담을 때는 언제나 아래쪽으로 찍었던 터라 참수리가 왜 에너지 소비가 심한 쪽으로 방향을 틀었는지 한동안 이해하지 못했다. 아마도 나 역시 녀석에게 경계 대상이었던 모양이다.

대교 북단으로 돌아 나에게서 안전한 거리를 유지했다고 생각한 녀석이 다시 대교를 가로질러 아슬아슬한 고압선을 곡예하듯 빠져나가 대교 상류로 사라져 간다. 참수리를 기다리며 계속 촬영해야 할지, 또 어떻게 해야 나를 경계하지 않을지 고민이 시작된다. 결국 위험한 팔당대교에서의 촬영은 더 이상 하지 않기로 한다.

• 당정섬

2011년에는 온통 자갈로 이루어진 당정섬 가장 높은 곳에 참수리들이 즐겨 앉았다. 하남과 팔당 어느 쪽으로든 400미터가 넘는 거리에 있는 섬이라 참수리들이 사람에게서 아무런 위해를 느끼지 않는다. 하지만 사진을 담는 처지에서는 갑갑하기 그지없는 장소이다. 한번 앉으면 언제 날아오를지 알 수 없기 때문이다.

당정섬 앞 덕소 쪽 강변 아래쪽엔 제법 큰 나무 한 그루가 있어 참수리나 새들에게서 잠깐이라도 몸을 숨기기에 좋다. 아침 일찍 아무런 준비 없이 가는 날에는 나무 아래 조용히 앉아 있으면 잠수성 오리가 가까이 다가오기도 한다. 이곳에서는 당정섬뿐만 아니

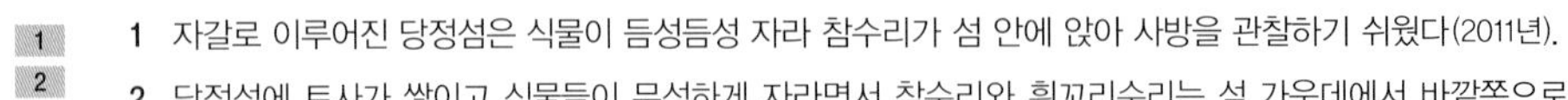

1 자갈로 이루어진 당정섬은 식물이 듬성듬성 자라 참수리가 섬 안에 앉아 사방을 관찰하기 쉬웠다(2011년).

2 당정섬에 토사가 쌓이고 식물들이 무성하게 자라면서 참수리와 흰꼬리수리는 섬 가운데에서 바깥쪽으로 물러나 휴식을 취한다(2015년).

라 저 멀리 이패대교 쪽도 관찰하기 좋아 예전에는 자주 이용했다.

오전 내내 당정섬 안에서 흰꼬리수리와 나란히 앉아 잠깐씩 낮게 날아올라 장난을 치는 참수리만 보다가 물러날 때도 있고, 참수리와 흰꼬리수리 주변으로 까마귀들이 앉아 연신 사냥을 재촉하는 모습을 멀리서 지켜보는 날도 많다.

그러나 당정섬은 시야가 확 트인 자갈섬에서 토사가 쌓이고 풀들이 자갈 사이로 자라 시야를 가리는 작은 섬으로 점차 변하고 있다. 수리가 시야 확보를 위해 섬의 가장자리로 물러나면서 멀리서 녀석들을 보는 것이 더욱 어려워진다. 넓은 공간에 풀이 무성하게 자라 시야가 가려서인지 이곳에 앉는 횟수도 예전보다 많이 줄어들었다.

그러나 당정섬 앞은 새들이 휴식을 취할 수 있는 바위가 많고 넓은 강폭에 여울이 형성되어 얼음이 얼지 않는다. 그래서 기러기를 비롯해 큰고니, 잠수성 오리와 수면성 오리를 겨우내 볼 수 있고 많은 수가 이곳에 머물기 때문에 흰꼬리수리와 참수리가 사냥하려고 자주 선회하는 모습을 볼 수 있다.

• 하류 지역

팔당대교에서 당정섬을 지나 이패대교로 갈수록 강폭이 점점 넓어져 최대 폭이 1.2킬로미터를 넘어서며 그 위용을 뽐낸다. 팔당대교와 이패대교 중간의 하남 쪽 강변에는 갈대와 낮은 관목, 덩굴식물이 가득 찬 수목지대가 이어진다. 이 수목 지대 안쪽으로 비교적 큰 섬이 4~5개 형성되어 있고 2~3개

강폭이 넓어지는 한강 하류 지역은 유속에 실려 온 자갈과 바위들이 쌓여 새들의 좋은 휴식터가 되고 있다.

1 2

1 강변에서 400미터가량 떨어진 바위에 참수리가 앉아 있다. 사람의 영향을 전혀 받지 않는 거리에 있어 편안하게 휴식을 취하고 있다.

2 참수리가 앉아 있을 때는 근처를 지나는 새들이 위협을 못 느끼는지 참수리 가까이 지나간다.

의 섬은 사람이 들어갈 수 없을 정도로 잡목들이 빽빽하다. 또 한강 물길이 섬으로 들어갈 수 없게 막고 있어 참수리나 흰꼬리수리는 이 섬들을 등지고 섬 앞의 빙판이나 바위 또는 모래사장이 있는 곳에서 사람의 간섭 없이 조용히 휴식을 취한다. 또한 넓은 강 한가운데 작은 바위들이 군데군데 있어 참수리나 흰꼬리수리들이 휴식을 취하면서 주변 먼 곳까지 관찰하며 사냥감을 찾기에 좋다.

이곳의 최대 장점은 강폭이 넓고 곳곳에 작은 바위들이 길게 띠를 이루고 있어 각종 오리와 기러기, 고니가 사람의 간섭 없이 잠을 자고 휴식을 취하고 먹이를 얻을 수 있다는 것이다. 그래서 항상 수많은 새들이 이곳을 찾는다.

또한 날씨가 맑은 날에는 서울을 병풍처럼 둘러싼 북한산, 도봉산, 수락산, 불암산이 선명하게 보인다. 북한산 인수봉은 한강에서 직선거리로 25킬로미터나 떨어져 있지만

눈이 내린 다음 날, 참수리가 사냥하러 날아올랐다. 대기가 깨끗한 날이면 북한산 인수봉이 선명하게 보인다. 날씨도 맑고 참수리도 날아주는 행운의 순간이다.

날씨가 맑은 날에는 그 모습을 선명하게 볼 수 있고 망원렌즈 속에서는 더욱 가까이 느껴진다.

왕발이와 멋쟁이가 사냥을 시도하며 하늘을 날 때 하남의 아파트 단지와 북한산 인수봉이 배경이 되어 아름다운 장면을 연출하기도 한다. 한낮에도 영하로 떨어져 추운 날이면 산책하는 사람도, 자전거를 타는 사람도 없어 참수리는 강변에 붙어서 사냥하거나 비행한다.

참수리를 기다리다가 아무것도 담지 못하고 하루를 마감해야 하지만 하남 아파트 단지 속으로 기울어져 가는 붉은 태양이 만들어내는 저녁노을에 시선을 빼앗긴다. 이렇게 붉게 빛나는 낙조를 보는 것만으로도 만족하는 날이 많다.

겨울철, 드넓은 한강에서 살아 움직이는 다양한 생물을 만난다. 마치 한강이 살아 있

다양한 생물이 살아가는 한강 주변의 아파트 단지 속으로 낙조가 붉게 타오르고 있다.

는 듯한 느낌이 드는 것은 다양한 생물들이 한강에서 생활하기 때문이다. 이렇게 가까운 곳에서 인구 1,000만 명의 수도 서울을 상징하는 북한산과 한강을 한눈에 볼 수 있고, 맹금류 중에서 크고 독특한 참수리를 함께 볼 수 있는 있다는 것이 얼마나 큰 행운인가.

• 예봉산

낮 시간 한강에 머물던 참수리들은 저녁 시간이 되면 예봉산 자락을 맴돌면서 잠자리를 찾는다. 예봉산 자락의 마을과 철탑 주변에서 상승기류를 타고 서서히 고도를 높여 예봉산 능선 너머로 사라진다. 눈으로는 볼 수 있지만 사진으로는 담을 수 없는 곳으로 날아간다.

참수리들이 한강에 있는 1~2월에는 녀석들을 따라다니기에 바빠 산에 올라가 확인할 시간이 많지 않다. 그러나 녀석들이 떠나고 난 3~4월, 또는 녀석들이 돌아오기 전 11월에는 예봉산에 올라가 마치 참수리가 된 양 주변 지형을 살핀다.

산봉우리에 발을 붙인 나는 한강을 내려다보려고 시야가 탁 트인 곳을 찾는다. 산 위에 올라서야 녀석들이 날아가는 방향을 가늠하면서 산을 넘는 이유를 대충 짐작한다. 한강의 물길이 예봉산을 감싸고 도는 형상이라 강의 물길을 따라가는 것보다 이렇게 상승기류를 타고 높이 올라서 곧장 이동하면 반대편에 더 빨리 도착할 수 있고, 또 먹잇감을 찾거나 다른 수리들이 먹이를 가지고 있는 장면을 더 빨리 포착할 수 있기 때문이다.

산에서 한강을 내려다보니 모든 것이 작게 보인다. 사람들마저 조그마한 점처럼 보이고 움직임이 없으면 사람인지 금방 확인하기도 쉽지 않다. 그리고 렌즈나 망원경으로 본다 해도 작은 물체를 구별해내기가 쉽지 않다. 그러나 참수리들에게는 이 정도의 거리에서도 먹이를 쉽게 포착할 수 있는 능력이 있으니 녀석들을 살아 있는 망원경이라 해야겠다.

어느 날, 예봉산 자락을 선회하는 참수리를 보고 도로가에 차를 세워 점점 고도를 높이는 녀석을 보면서 아쉬워하고 있을 때였다. 이미 고도를 상당히 높이던 녀석이 갑자기 하강하기 시작한다. 도로에서는 강변의 상황을 볼 수 없고 게다가 반대 차선에 있어 강변으로 내려갈 수도 없다. 참수리가 분명 먹이를 보았거나, 다른 수리가 먹이를 잡았다는 것을 미루어 짐작할 뿐이다.

참수리가 산으로 들어가는 시간에 맞추어 몇 번 예봉산 자락에서 나뭇가지나 수풀에 몸을 숨기고 참수리를 기다렸지만, 귀신같이 나를 찾아내어 거리를 두는 참수리나 흰꼬리수리를 보면서 산에서의 작은 움직임조차 감지하는 녀석들의 능력에 감탄하곤 한다.

이렇게 한강을 사이에 두고 마주 선 예봉산과 검단산은 녀석들에게 잠자리를 제공하고 사냥을 위한 정찰지로는 제격이다.

숨은그림찾기

한강의 바위나 빙판에서 참수리를 찾지 못하면 예봉산과 검단산 자락을 찾아본다. 그러나 앉아 있는 참수리를 찾기란 쉽지 않다. 숲 속에 내려앉아 있으면 숨은그림찾기를 해야만 한다.

흰 깃털이 있어 그나마 흰꼬리수리보다 찾기 쉽지만 나무 그늘이나 나뭇가지에 앉아 있으면 거의 불가능하다. 그래서 숲으로 들어가는 모습을 처음부터 눈으로 좇지 않으면 녀석의 위치를 찾아내기 힘들다.

한강의 바위나 빙판 위에서 주변을 살피던 녀석이 산속으로 이동하여 높은 가지 끝에 앉아 한강을 내려다본다. 팔당댐과 팔당대교 사이는 강폭이 좁고 강 양옆에는 예봉산과 검단산이 자리 잡고 있다. 참수리보다 덜 민감한 흰꼬리수리 어린 새는 폭이 좁은 이곳 강 한가운데 돌 위에서 휴식을 취하거나 사냥감을 물색하기도 하지만, 민감한 참수리는 산속 나무 위에서 한강을 살핀다.

예봉산이나 검단산 정상은 아주 멀리까지 확 트인 한강을 내려다볼 수 있어 이 산등성이는 시력이 좋은 수리들이 정찰하기에 안성맞춤이다. 참수리들은 주로 소나무 가지 위에 앉는다. 겨울철 잎이 다 떨어진 활엽수보다 내려앉기도 편하고 먼 곳까지 볼 수 있어 즐겨 찾는다.

높은 소나무 가지는 참수리들이 내려앉기 편하고 시야 가림 없이 멀리까지 볼 수 있어 정찰하기 좋은 장소이다.

눈이라도 내리면 소나무에 내려앉은 참수리를 찾기 쉽지 않다.

안개가 끼면 산속 높은 소나무 가지에 앉아 있던 참수리가 낮은 곳의 활엽수 나무에 내려앉는다. 이때에는 소나무 가지에 앉아 있을 때보다 더 찾기 어렵다.

하지만 항상 그런 것만은 아니다. 나뭇잎을 모두 털어낸 활엽수 가지에 앉아 있을 때도 있다. 눈이 내려 가지에 쌓여 있으면 눈과 참수리의 흰 깃털이 뒤섞여 녀석을 찾기란 거의 불가능하다. 이때 녀석은 다른 녀석이 사냥할 때까지 기다리거나 자신이 사냥할 순간을 기다린다. 때로는 한나절을 기다려도 꿈쩍하지 않는 참수리를 보며 그냥 물러날 때도 있고, 잠시 한눈파는 사이 참수리가 자리를 옮겨 찾지 못하기도 한다. 오랫동안 한 자리를 지키며 기회를 기다리는 참수리의 인내심과 끈기는 본능이겠지만, 모든 것을 빨리 이루어야 한다는 강박감을 지닌 나에게는 작은 교훈이다.

해마다 참수리와 흰꼬리수리가 한강 팔당지구에 찾아들고 많은 철새가 겨울철 한강에 깃들이지만, 이미 이곳엔 식당가와 카페들이 밀집해 있고, 강변을 따라 자전거 길과 산책로를 이용하는 사람들이 많다 보니 아무리 민감한 참수리라 해도 어쩔 수 없이 사

참수리는 예봉산 정찰지에서 검단산 자락으로 정찰지를 옮겼다. 산속에 앉은 참수리는 사람의 작은 움직임에도 민감하게 반응한다.

람과의 관계를 인정할 수밖에 없다. 이제는 복선 전철화로 바뀐 중앙선 선로를 따라 참수리가 이동한다. 한강을 내려다보면서 달리던 예전 중앙선 열차 길은 자전거 길과 산책로로 조성되어 수많은 사람이 그 길을 이용한다.

사람들이 그 길을 많이 이용하면서부터 참수리가 앉아서 한강을 내려다보며 사냥감을 찾던 예봉산 자락의 정찰지는 그 기능을 잃었다. 그리고 이제는 한강을 내려다볼 수 있고 사람들 통행과 상관없는 검단산 자락에서 사냥감을 물색하는 시간이 길어졌다.

우리는 우리가 모르는 사이에 의도하든 그렇지 않든 자연과 동식물에게 영향을 끼친다. 인간과 자연과의 조화는 어느 정도까지 이루어져야 하는가? 인간을 위한 개발인가, 자연을 위한 보전인가의 문제에서 우리는 어느 편을 들어야 하는가?

지금도 겨울철 날씨가 따뜻한 날에는, 참수리들이 날아다니는 한강의 산책로 근처 식당가에서 식사를 마친 많은 사람이 참수리와 흰꼬리수리의 존재를 모른 채, 한가하게 담소를 나누며 강변을 따라 걷는다.

3장

관찰

탐조에 왕도는 없다
어깨깃으로 참수리를 구분하다
참수리에 매료되다
사람을 경계하는 참수리
위장 텐트 1
위장 텐트 2
위장 텐트 3
위장 텐트를 철수하다
왕발이의 반응
눈 내리는 날의 비행

탐조에 왕도는 없다

한강에서 수리들을 탐조하는 방법을 알아보기 전에 일반적인 새 탐조 방법을 먼저 알아보자. 미국에서는 매년 빅이어(Big year)라는 탐조 대회가 열린다. 새들의 소리와 모습을 기록으로 남긴 자료를 토대로 가장 많은 새를 보고 기록한 사람을 협회에서 인정해주는 대회인데 영화로도 제작하여 상영되기도 했다. 미국에서 얼마나 많은 사람이 탐조에 관심을 갖고 있는지를 제대로 보여주는 사례이다.

우리나라에서도 탐조에 관심을 가진 사람들이 만든 단체가 여럿 있고, 취미생활이 다양해지면서 탐조와 새 사진을 하는 사람들의 수도 점점 늘어나고 있다. 특히 저가의 초망원렌즈가 판매되면서 새 사진을 하는 사람들이 많이 늘어났다. 새를 보는 것으로 만족하는 탐조와 달리 새 사진을 하는 사람들은 새 가까이 접근해야 하므로 더욱 주의를 기울여야 한다. 탐조하면서 주의해야 할 사항은 다음과 같다.

첫째, 새들을 단순히 피사체가 아닌 우리와 함께하는 생명을 가진 존재로 대해야 한다. 비록 말은 못 하더라도 하나의 생명체로 새들을 존중해야 하는 것이다. 새들이 날아가는 장면을 담으려고 소리를 지르거나 돌을 던지는 행동은 금물이다. 한번 사람에게 위해를 당한 새들은 사람을 더욱 경계하고 사람에게서 멀어져 간다.

둘째, 둥지 짓는 새를 보면 그 자리에서 조용히 벗어나는 것이 좋다. 둥지의 위치가 노출되었다고 판단하면 새는 그동안 공들여 지은 둥지를 포기하고 다른 곳에서 또다시 긴 시간과 노력을 들여 힘들게 둥지를 짓기 때문이다. 이미 알을 품고 있는 둥지를 발견했다면 알을 만지거나 위치를 바꾸지 말아야 한다. 새의 종류에 따라 다르지만 둥지 속 알의 위치가 바뀌면 둥지를 포기하는 새들이 있다. 그리고 둥지에 있는 새끼와 먹이를 나르는 어미새의 모습을 자세히 담는다고 주변 나뭇가지나 무성한 나뭇잎을 자르면 안 된다. 천적으로부터 새끼를 보호하고, 내리쬐는 햇빛을 가려 새끼들의 체온을 일정하게 유지하려고 나뭇잎과 가지로 둥지를 적당히 가린 경우가 많기 때문이다. 이런 가지와 나뭇잎이 없으면 체온 조절의 실패나 천적에게 발각되어 새끼는 죽음의 위험에 처한다.

셋째, 어미새가 새끼에게 먹이를 갖다 주는 모습은 좋은 사진 소재가 될 수 있으나 새들에게는 스트레스의 시간일 수도 있다. 어미새가 그나마 안전하다고 판단해 먹이를 줄 만큼의 거리는 유지해야 한다. 어미새가 둥지에 들어가지 않는다면 사람이 너무 가까이 다가갔다는 의미이다. 위장막을 설치해도 어미새가 둥지로 가지 않는다면 차라리 철수하는 편이 좋다. 되도록 움직임을 적게 해 새들이 스트레스를 받지 않게 한다.

넷째, 한꺼번에 많은 사람이 한 장소에 있지 않도록 한다. 사람이 많으면 움직임도 많아지고, 사람들의 이야기 소리, 쓰레기 문제, 주변 지역에 대한 피해 등 여러 가지 문제가 발생하기 때문에 인원을 최소화해 팀을 이루어 탐조하는 것이 좋다. 우리나라에서는 조류 사진 촬영의 환경이 좁고, 조류 사진을 하는 사람들의 인맥도 단순해 금방 누구인지 알 수 있다. 그런데 각자가 추구하는 방법과 목적이 다르다 보니 서로 마음의 상처를 주는 경우도 많다. 따라서 서로 감정을 상하게 하면 인간관계로 극심한 스트레스를 받을 수도 있으니 늘 예의를 지켜야 한다.

다섯째, 장소 공개에 관한 것은 발견한 사람의 의견을 존중해야 한다. 장소를 공개하는 사람은 남의 농지나 주거지에 자기 이름을 걸고 허락을 받고 들어가 사진을 담는 것이기에 다른 사람이 그곳에서 잘못된 행동을 하면 본인이 책임을 느끼기 때문이다. 장소를 공개한 사람에 대한 최소한의 예의는 지켜주어야 한다.

이러한 유의 사항을 염두에 두어 늘 지키려고 노력하는 마음으로 탐조 활동을 해야 한다. 탐조 활동을 놀이문화나 시간 보내기로 생각하는 사람은 새뿐만 아니라 다른 사람의 마음까지 상하게 한다는 것을 알아야 한다.

새를 찾는 방법은 새의 종류, 습성, 서식지 형태, 좋아하는 먹잇감 등에 따라 다양한데 여기에서는 가장 일반적인 방법을 살펴보자.

첫째, 새의 흔적을 찾아야 한다. 가장 쉬운 방법은 새들의 배설물을 관찰하는 것이다. 배설물을 보고 새들이 머물던 곳이라든가 다시 새가 올 것인지 등을 알 수 있다. 당장에 새가 보이지 않더라도 시야가 확보되고 몸을 숨기기에 적당한 장소에서 지켜보고 있으면 새를 관찰할 확률이 높다.

둘째, 새의 습성에 대해 알아야 한다. 새의 종류에 따라 어떤 먹이를 좋아하는지, 어떤 장소를 좋아하는지, 어느 정도의 거리를 허용하는지 파악하면 좀 더 멋진 장면을 촬영할 수 있다. 날아다닐 때는 어떤 형태를 취하는지, 날아가기 위해 어떤 예비 행동을 취하는지를 알면 장시간 카메라 파인더를 살피지 않아도 되어 눈의 피로를 덜 수 있다. 사람의 등장으로 지역을 벗어나 멀리 날아가는 새가 있는 반면, 일정한 거리를 유지하며 그 지역을 떠나지 않는 새도 있다. 일정한 장소에서 먹이를 먹는다든가, 개울에 물을 마시러 오거나 목욕하러 오듯이 새가 좋아하는 장소를 알면 더 쉽게 새를 만나 가까이 다가갈 수 있다.

셋째, 작은 것도 놓치지 않고 세밀하게 관찰하며 여러 번 찾아가야 한다. 텅 빈 듯한 둥지 안에서 꼼짝 않고 알을 품고 있는 새도 있고, 사람의 기척을 알아채고 일찌감치 그 곳에서 벗어나는 새도 있다. 새는 항상 한곳에만 머물지 않으니 자주 찾아가면 녀석들이 즐겨 찾는 장소를 쉽게 확인할 수 있다.

넷째, 동물이나 새의 가장 중요한 활동은 먹이 활동이다. 새마다 먹이가 다르므로 내가 관찰하려는 새가 어떤 먹이를 좋아하는지, 그리고 그 먹이는 어느 곳에 많은지 현장에서 꾸준히 관찰해야 한다. 먹이 주변에서 기다리다 보면 새를 더 쉽게 만날 수 있다.

그 밖에도 다양한 탐조 방법이 있지만, 자주 탐조하다 보면 자신만의 정보가 쌓여 스스로의 힘으로 새를 만날 기회가 점점 많아진다.

넓디넓은 한강에서 참수리를 어떻게 관찰할까? 이는 사진 촬영과는 달리 조금 더 간단하게 생각할 수 있다. 참수리나 흰꼬리수리가 가까운 거리에 있으면 다른 장비가 필요 없지만, 당정섬이나 강폭이 넓은 곳에 녀석이 있으면 최소한의 장비로 쌍안경이나 필드스코프(지상 망원경)를 준비하도록 한다. 비교적 가까운 곳에 앉아 있으면 맨눈으로도 확인이 가능하지만, 조금만 거리가 멀면 망원 장비의 도움 없이는 그저 새가 있다는 것만 확인할 수 있기 때문이다.

쌍안경은 가장 쉽게 사용할 수 있는 장비이며, 필드스코프와 삼각대를 이용하면 안정된 자세로 더 선명하게 새를 관찰할 수 있다. 또한 망원렌즈로도 참수리를 관찰할 수 있고 먼 거리의 참수리를 담을 수 있다.

먼저 바위 위에 톡 튀어나온 작고 검은 점들을 찾아야 한다. 참수리와 흰꼬리수리는 아무리 덩치가 크다 해도 강 한가운데 앉아 있으면 손톱 크기 정도로 작게 보인다. 또한 바위 위나 빙판 위 또는 까마귀 무리 주변을 잘 찾아보면 흰꼬리수리나 참수리를 볼 수도 있다. 수리류는 한 장소에 오랫동안 앉아 있기도 하지만 잠시 한눈을 파는 사이 날아가 버리는 경우도 많아 이렇게 순간적으로 놓쳐버리면 다시 관찰하기가 쉽지 않다.

이렇게 수리를 찾았으면 녀석이 움직일 때까지 끈기있게 기다리는 수밖에 없다. 다만 어디로 갈지 예측해보면, 녀석은 먹이 활동을 위해 내내 주변을 살피고 있어 주로 사냥감이 있는 곳 주위로 날아간다. 예를 들어 얼음이 언 곳은 물고기를 사냥할 수 없다. 그

한강에 얼음이 얼지 않으면 참수리는 주로 강 한가운데에서 생활한다. 거리가 워낙 멀어 조그마한 점으로 보인다.

래서 물이 얼지 않고 흐르는 지역으로 날아갈 확률이 높다. 또한 물이 흐르는 곳에는 온갖 오리류가 무리 지어 먹이 활동을 한다. 오리는 무리 지어 행동하면 천적을 쉽게 발견할 수 있고 게다가 천적을 혼란에 빠트릴 수 있다는 것을 알기에 무리를 지어 함께 있는 경우가 많다. 이 가운데 강변 가까운 곳에서 활동하는 무리를 좇다 보면 수리를 만날 확률이 높다.

카메라와 삼각대가 높이 세워져 있으면 수리는 위협 요소로 생각하고 근처에 잘 오지 않는다. 미처 삼각대를 보지 못하고 다가오는 수리도 있지만 우연일 뿐이고 그 자리에서 수리를 보기는 힘들다. 보통의 경우 산책하는 사람들과 같은 느낌이 들게 행동하는 것이 좋고, 수리류가 최대한 가까이 올 때까지 기다렸다가 촬영해야 선명하고 화면에 꽉 찬 수리를 담을 수 있다.

새를 볼 수 있는 가장 좋은 방법은 새들이 있을 만한 장소에 자주 찾아가 오랜 시간 탐조하는 것이라고 생각한다. 나는 남들보다 탐조 기술이 뛰어나지도 않고 다른 사람들과 정보를 공유하지도 않지만, 오직 발품을 팔며 오랜 시간 한강을 찾아다녔기에 많은 사진을 담을 수 있었다. 탐조에 왕도는 없다. 얼마나 많은 노력을 기울였는지가 최대의 탐조 능력이라고 생각한다.

어깨깃으로 참수리를 구분하다

눈에 확 띄는 참수리 A(왕발이)를 제외하고 그 밖의 참수리들은 해마다 계속 이곳을 찾아올까? 마음속으로는 같은 녀석이 찾아올 것이라고 결론을 내리면서도 명확히 확인하고 싶은 마음이 끊이지 않는다. 그러다 2013년 시즌에 세 마리 개체를 확인하면서 그 의문은 더욱 커져간다.(2015년에야 비로소 2013년에 세 마리가 아닌 다섯 마리였음을 확인했다.)

2013년 1월 22일에 쓴 기록에 그 정황이 자세히 담겨 있다. 당시의 상황을 정리하면 이렇다.

아침나절 참수리와 흰꼬리수리와의 사냥감 쟁탈전을 담는다. 그래 봐야 먼 거리 장면이긴 하지만 아침부터 무엇인가를 담았다는 기쁨이 밀려온다. 팔당댐 상류에서부터 거슬러 내려오면서 수리들의 상황을 점검한다.

한겨울인데도 비가 내리고 날이 따뜻하다. 팔당댐에서는 방류를 계속해 얼음도 거의

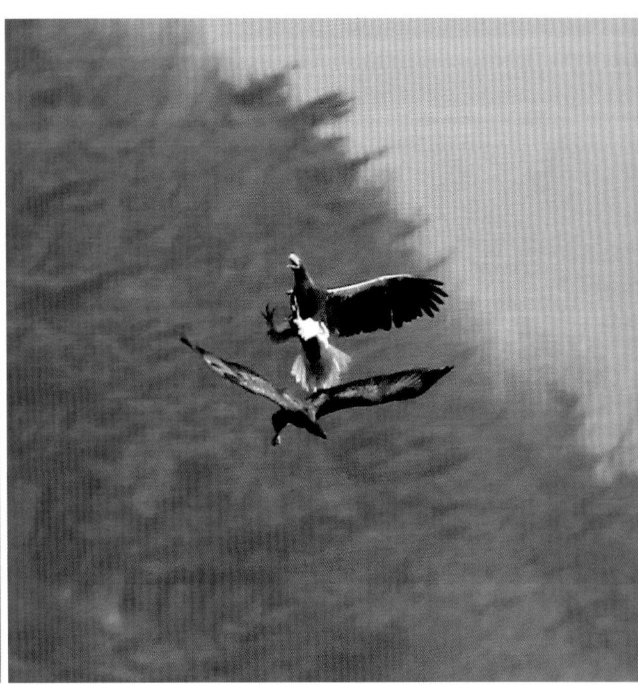

1 2

1 바위 위에서 날아오른 참수리를 보고 흰꼬리수리도 날아올랐다. 참수리가 무엇인가 사냥한 줄 알았는지, 아니면 앞으로 있을 수많은 경쟁에 대비하려는지 참수리를 향해 발톱을 세운다.

2 사냥감을 쟁탈하는 것도 아닌데 참수리와 흰꼬리수리가 이렇게 발톱을 세우는 장면은 쉽게 보기 어렵다.

녹았다. 새들이 앉아 있을 빙판도 없다. 차에 치여 죽은 고라니 한 마리를 도로 밖으로 옮겨 강변 둑 수풀에 내려놓는다. 조금 더 하류로 내려가 참수리를 기다린다. 구름이 잔뜩 낀 날씨라 별 기대 없이 어제처럼 그 자리에 앉아 있는 참수리 녀석을 확인하면서 한강을 내려다본다. 나와 마주친 지 어느덧 한 시간이 흘렀지만 아마도 녀석은 몇 시간째 그 자리에 앉아 있었을 것이다. 문득 바위 위에서 녀석들 특유의 날갯짓을 하며 어떤 물체가 나를 향해 날아온다. '바위에 앉아 있는 녀석이 날아올랐나' 하고 확인해보지만 바위 위의 그 녀석은 그대로 앉아 있다. 나와의 거리가 가까워짐에 따라 이 녀석 역시 참수리 성조임을 나타내는 하얀 어깨깃이 보인다.

1 2

1 2011년 시즌에 담긴 참수리 A(왕발이)의 날개짓.

2 2011년 시즌의 자세와 똑같은 모습으로 담긴 2015년 시즌의 참수리 A(왕발이). 날개의 하얀 깃털이 크게 차이 나지 않는다.

'기다려, 참아. 조금만 더. 조금만 더.' 참수리가 조금이라도 더 가까이 내게 다가오기를 기다린다. 그러나 참수리는 산책하는 사람과 마주치자 방향을 튼다. 어쩔 수 없이 녀석을 향해 카메라를 들고 셔터를 누른다. '빛만 좋으면, 빛만 좋으면' 하는 외침이 마음속에서 울려 퍼진다. 짐작은 했지만 역광 상태로 카메라에 담겼다. 나는 이 녀석에게 '1번 참수리'라는 임시 이름을 붙였다. 촬영 시간은 오후 3시 45분이었다.

내가 있는 덕소 쪽은 오후가 되면 역광의 위치가 된다. 참수리가 나를 지나쳐 예봉산으로 방향을 잡았을 때가 가장 담기 좋은 순광의 순간이라 최대한 가까이 다가올 때부터 나를 지나칠 때까지 참수리를 담으려고 기다린다.

1 2

1 2013년에 담은 참수리 C(검댕이).

2 2015년에 똑같은 자세인 참수리 C(검댕이)를 담았다. 하얀 어깨깃은 약간의 변화가 있지만 전체적인 모습에는 변함이 없다.

한 녀석이 사라진 지 5분이 채 되지 않아 바위 위에 앉아 있던 녀석이 날아올랐다. 약속이라도 한 듯이 이 녀석도 내가 있는 방향으로 날아온다. 참수리가 최대한 가까이 내 곁으로 올 때까지 기다린다. 그렇게 가까이 다가온 녀석을 향해 카메라를 들자, 카메라를 의식한 녀석이 방향을 바꾼다. '그러나 이미 넌 파인더 안에 들어왔다'며 좋아하지만 이번에도 역광 위치로 녀석이 들어온다. 3시 50분에 날아간 이 녀석의 이름을 임시로 '2번 참수리'라고 붙인다.

당정섬에 앉아 있던 까마귀들이 예봉산을 향해 무리 지어 날아간다. 까마귀들의 날갯짓이 심상치 않아 고라니를 놓아둔 곳에 가 보았지만 아직은 아무런 변화가 없다. 잠시 어디로 갈지 생각해본다. 역시 아무것도 보이지 않을 때는 왕발이 영역이 가장 만만하다. 조금 전에 보았던 지점에서 500미터쯤 하류로 내려간다. 시야에는 참수리 한 마리도 보이지 않지만 그냥 무작정 기다려본다. 5시 5분, 가끔 보이던 말똥가리 녀석이 식당 모퉁이를 돌아서 나와 눈을 맞추면서 낮게 날아간다. 뭔가 이상하다 하면서 몇 장 담은 사진을 확인하니 잿빛개구리매 암컷이다.

잿빛개구리매 암컷.

건너편 하남 쪽에는 이 녀석이 좋아하는 갈대밭이 무성해 분명히 서식할 것으로 생각했지만 여기서 만날 줄은 몰랐다. 사람이 많아 당황했는지 녀석은 휑하니 다시 식당 모퉁이를 돌아 산으로 날아오른다. 한참을 찾아보았지만 그림자도 보이지 않는다.

5시 10분, 마지막 참수리의 퍼덕임이 보인다. 최대한 내 사정권 안에 들어올 때까지 그냥 산책하는 사람처럼 가만히 서 있는다. 그렇게 녀석도 나를 향해 점점 날아온다. 순간 파인더에 꽉 차게 담았지만 역시 역광이다. 이 녀석에겐 임시로 '3번 참수리'라고 이름을 붙였다. 참수리들이 이렇듯 가까이 차례대로 날아온 것은 처음 있는 일이라 기분이 좋다.

집에 돌아와 역광 탓에 시꺼먼 사진들을 포토샵으로 살리면서 어떤 녀석들이 나를 지나쳤는지 확인한다. 한강에는 참수리 성조 세 마리가 있다고 확신했는데, 산으로 들어간 세 마리 참수리 사진에는 왕발이가 없다.

'그러면 네 마리인가, 아니면 한 마리가 산으로 들어가는 척하다가 강을 휘돌아 다시 산으로 가면서 두 번씩이나 사진에 담긴 걸까?' 하는 의문이 든다. 수십 장의 사진을 대조하며 깃털의 상한 정도와 꽁지깃, 어깨깃의 모양, 몸통의 검은 반점 등을 비교하지만

2번 참수리를 제외한 1번과 3번 참수리에 대한 의문을 풀 수가 없다. 날씨가 쨍한 날 다시 한 번 이렇게 만났으면 좋겠다.

이후 1, 2, 3 번호를 붙인 참수리들은 나에게 커다란 숙제를 남겼다. 2번 참수리는 한강에 자주 보이는 참수리 C(일명 검댕이)이다. 1번과 3번 참수리가 남는데 이 두 개체의 어깨깃은 아무리 비교해도 같은 개체가 아니다. 또한 참수리 A(왕발이)와도 무늬가 일치하지 않는다. 2013년 시즌까지는 참수리 세 마리가 한 시야 안에 들어온 모습을 보았기에 참수리 성조 세 마리가 있다고 확신했는데 그 확신이 깨지고 만 것이다.

그날 이후 참수리가 떠난 3월 초까지 그동안 담은 사진을 모두 꺼내어 다시 정리했다. 혹시 방향이 달라지면 어깨의 흰 깃털 모양이 달라지는지 확인하고 또 확인했지만 의문을 해결할 방법이 없었다. 그렇게 아무런 소득 없이 시간이 흐르자 포기할 수밖에 없었다. 더 많은 사진이 필요하다는 것을 느끼며 이렇게 결론을 내렸다.

'참수리 어깨의 흰무늬 깃털은 매년 변하고 보는 각도에 따라 달라지니 어깨깃으로 참수리를 구분하는 것은 단기간에는 가능하지만 오랜 기간이 지난 후에는 적용할 수 없다'고 말이다.

2014년 시즌에는 온 가족이 한 달간 해외여행을 다녀오느라 단 하루도 한강에 나가지 못했다. 2015년 시즌이 시작되어서야 다시 참수리를 담았다. 그러던 어느 날, 나를 그렇게 괴롭히던 문제의 실마리가 보인다. 2015년 시즌 동안 많은 참수리 사진들을 정리하면서 다시 한 번 꼼꼼히 확인했다. 세 마리는 해마다 찾아오는 같은 개체로 확신했다. 어깨깃이 일치하기 때문이다. 한 마리는 2년 계속 보였다가 이후로는 보이지 않는다.

그러나 내가 가진 자료로는 어깨깃이 일치하지 않는 녀석들을 달리 설명할 방법이 없다. 결국 한강 수계 또는 팔당지구에서 참수리를 담은 다른 사람들의 사진을 확인하기로 한다. 한강을 주로 탐조하거나 한강에서 사진을 담는 사람들의 블로그와 생태 사진을 올리는 각종 인터넷 사진 동호회를 찾아 헤맸다.

그러나 한강에서 담은 사진 가운데 대부분은 내가 가진 참수리 A(왕발이), 참수리 B(멋쟁이), 참수리 C(검댕이), 참수리 D(사냥꾼)였다. 그러던 어느 날, 내가 그토록 원하던 사진 한 장을 찾았다. 바로 참수리 E(나중에 '떠돌이'라고 별명을 붙였다)이다. 내가 담은 사진과 구도가 비슷하지만 반대 방향으로 날고 있는 참수리 모습이었다. 두 참수리 사진의 어깨깃이 일치한다. 2014년에 중랑천과 한강이 합류하는 지점에서 담은 사진이다. 내가 담은 2013년 시즌의 참수리 3번 사진과 중랑천에서 담은 2014년 사진에서 2년 연속 우리나라에 찾아들었음을 알게 되었다. 비록 2015년에는 보지 못했고 사진으로도 담지 못했지만 녀석의 월동지가 우리나라일 확률이 높다.

그리고 참수리에 관한 기사를 확인한 결과 2013년 당시 내가 보았던 참수리 다섯마리 모두 각각의 개체였음을 알았다. 2013년 일간지 기사에 참수리 성조 다섯 마리가 당정섬 인근 팔당지구에서 관찰되었다고 나와 있었다. 나는 그해 겨울 다섯 개체(참수리 A, B, C, E, 미확인 1번)를 전부 보았고 그들 모두 사진에 담았다. 바보같이 나는 세 마리만 있다는 생각에 사로잡혀 헤맸던 것이다.

나 혼자라면 아직도 이 문제를 해결하지 못하고 고민했을 터였다. 멀리 떨어진 곳에서 참수리에 관심을 가진 누군가가 있었기에 마침내 문제를 해결했다. 새 사진을 담는 사람들끼리 단순히 장소 정보 교환이 아니라 새에 관한 다양한 정보를 교환하는 장이 있다면 많은 의문점을 쉽게 해결할 텐데 하는 아쉬움이 들었다.

과연 참수리의 어깨깃으로 개체 간 구분이 가능할까? 이 문제에 대한 답을 얻으려면 먼저 새들의 깃털갈이에 대해 알아야 한다.

보통 모든 조류는 정기적으로 깃털갈이를 한다.

수리과와 매과의 맹금류는 봄부터 가을까지 1년에 1회 전신 깃털갈이를 한다. 그러나 대형 맹금류의 경우는 부위별 깃털갈이 시기가 달라 전신 깃털갈이는 2~3년 또는 그 이상 걸린다. 또 겨울철 월동지로 이동하는 시기에는 체온 유지와 먹이 활동에 지장 없게 깃털갈이를 중지하기도 한다.

한강을 찾은 왕발이의 경우에는 2011년 어깨깃과 2015년 어깨깃의 차이가 아주 미미하다는 것을 사진으로 확인할 수 있다. 4년의 세월이라면 적어도 전신 깃털갈이를 한 차례 겪었음에도 어깨깃에만 미미한 차이가 있다는 것은 자료만 충분히 모은다면 매년 우리나라에 들어오는 참수리 개체를 구분할 수 있음을 시사한다.

이렇게 참수리의 흰색 어깨깃으로 개체 간 구분이 가능하다는 것을 알게 되어 내가 담았던 모든 개체의 존재를 확인했다. 그래도 2013년 1월 22일에 담은 1번 개체는 그 어떤 사이트에서도 확인할 수 없어 월동지가 어디인지 알지 못한다. 나에게는 여전히 풀어야 할 수수께끼이다.

참수리에 매료되다

참수리 A(일명 왕발이)는 한강을 찾는 여느 참수리들보다 사람에게 조금 더 친숙하다. 녀석은 다른 녀석들보다 접근 거리를 더 가까이 허락한다. 더 가까운 거리라 해도 여전히 150~250미터만큼 떨어져 있다.

왕발이는 이제 한강 주변에 있는 사람들의 움직임을 금방 파악해낸다. 지나가는 사람과 운동하는 사람, 그리고 자기를 쳐다보는 사람에 따라 반응이 다르다. 그러다 보니 아주 민감한 녀석들과는 달리 사람들 눈에 더 자주 띄고 녀석의 모습을 사진에 더 많이 담는다.

한강에서 담은 사진의 60~70퍼센트는 대부분 이 녀석이 모델이다. 물론 나도 예외는 아니다. 공중에서의 먹이 다툼이나 빙판, 바위에 내려앉거나 날아오르는 장면은 다른 녀석들과 차이점을 보이지 않아 구별하기 어렵지만, 착륙 직전 또는 이륙 직후의 사진과 발톱을 세우고 달려들기 전의 사진에서 이 녀석임을 짐작할 수 있다.

참수리는 좀처럼 쉽게 이동하지 않는 습성이 있다. 아마도 이동에 따른 에너지 소비가 크기 때문일 것이다. 흰꼬리수리 역시 비슷한 행동을 보이지만 참수리의 이동은 흰꼬리수리보다 훨씬 더 끈기있게 기다려야 한다. 그만큼 쉬는 장소를 선택하는 것도 까다롭고 사람과의 거리에도 민감하게 반응한다. 녀석과의 첫 번째 만남은 당정섬에 세 시간을 앉아 있다가 팔당대교 아래로 훨훨 날아가는 모습을 본 것이 다였다. 그리고 오랫동안 잊히지 않을 두 번째 만남이 이어진다.

망원경으로 바라보니 참수리가 당정섬 안 가장 높은 곳에 앉아 주변을 살피고 있다. 나는 그 뒤의 숲 배경을 보면서 지금 있는 곳의 반대편인 하남 쪽 강변으로 가면 참수리를 더 가까이 볼 수 있으리라 판단한다. 카메라와 삼각대를 챙겨 차로 돌아와 반대편으로 향한다.

덕소 쪽 강변과 달리 하남 쪽 강변으로 접근하려면 차를 주차하고 나서도 한참을 걸어야만 한다. 영하로 떨어진 날씨 탓에 한강의 가장자리는 벌써 얼음으로 덮여 있다. 여름철 팔당댐의 방류와 많은 비로 얼룩덜룩 흙먼지를 잔뜩 머금은 갈대숲을 헤쳐나가는 것은 고역이다. 하지만 조금이라도 참수리를 가까이 볼 수 있지 않을까 하는 희망에 강

가로 향한다.

그러나 반대편에서 짐작했던 것보다 훨씬 더 멀리 당정섬이 보인다. 두 시간여 동안 앉아 있던 참수리 모습이 보이지 않는다. 가져온 위장 텐트를 나무 아래에 치고 참수리가 돌아오기를 기다린다. 그렇게 시간은 또 흘러간다. 한강 물이 얼음과 부딪힐 때마다 사그락거리는 소리와 찰랑거리는 물소리에 마음이 편안해진다.

딱새 암컷 한 마리가 위장 텐트 주위를 날아다니며 연신 이상하다는 듯 호기심을 보인다. 멀지 않은 곳에서 노랑할미새가 빙판 위에 떨어진 죽은 각다귀를 쪼아 먹는다. 죽은 각다귀는 빙판 위 여기저기 흩어져 있고 심지어 물 위에도 떠다니고 있다. 노랑할미새는 주위 경계가 심하지 않아 텐트 가까이 와서도 먹이 활동을 한다. 마치 사람쯤이야 금방 피할 수 있다는 듯이 자신만만하다. 그러나 텐트 주변을 왔다 갔다 하는 딱새 암컷은 노랑할미새보다 주위를 더 경계하는 탓에 오랫동안 빙판 위에 머물지 않는다. 그뿐만 아니라, 굴뚝새도 빙판 위의 진수성찬에 끼어든다. 무엇이 그리 두려운지 재빨리 몇 마리 주워 먹고는 숲으로 사라졌다가 한참 후 다시 얼굴을 내밀더니 곧 들어가 버린다.

갑자기 푸드덕거리는 소리와 함께 새들이 날아오른다. 무슨 일이 일어났구나 하는 생각에 새들의 움직임을 좇는다. 흰꼬리수리 한 마리가 사냥을 시작한다. 수면 위에서 호버링(정지비행)하며 물속의 무엇인가에 시선이 멈춘다. 그러나 사냥이 여의치 않는지 다시 자리를 바꾸어 호버링을 한다. 그러기를 몇 차례, 마침내 물속에 발을 내려 무엇인가를 건져낸다.

흰꼬리수리가 사냥에 성공한 것은 알겠지만 거리가 너무 멀다. 처음 자리에 있었더라면 오히려 더 가까웠을 터, 자리를 옮긴 것이 후회가 된다. 흰꼬리수리는 무거운 먹잇감을 들고 바위들이 띠를 이루고 있는 바위 밀집 지역에 앉았다. 사냥감이 무거워 먼 곳

1 2

1 위장 텐트 근처까지 와 먹이 활동을 하는 노랑할미새. 죽은 각다귀들이 빙판 위, 물 위 여기저기에 흩어져 있어 먹잇감이 풍부하다.

2 딱새 암컷 한 마리가 빙판 위에 떨어진 각다귀를 먹고 있다.

으로 날아가지 않고 가까운 바위틈에 내려앉았지만, 순간 사냥 성공 장면을 참수리에게 들켰다. 참수리 한 마리가 쏜살같이 날아온다. 그렇게 먼 거리에 있던 참수리가 이렇듯 재빨리 날아오리라고는 생각지도 못했다. 참수리는 한 치의 머뭇거림 없이 흰꼬리수리를 덮친다. 화들짝 놀란 흰꼬리수리는 참수리의 첫 번째 공격을 피해 먹이를 지켜냈지만, 두 번째 공격을 피할 수 없는지 먹이를 버리고 날아오른다.

이들의 치열한 경쟁을 모른 채 강변에선 한 사람이 느긋하게 산책하고 있다. 한강에서 산책하거나 운동하는 사람에게는 참수리와 흰꼬리수리의 생존경쟁은 대부분 관심 밖이다. 이러한 녀석들이 살고 있는지조차 아는 사람도 드물다. 가끔 한강의 생태를 살피러 온 사람이나 어린 학생들과 가족이 함께하는 생태학교에서 오는 이들이 관심을 가지고 유심히 지켜볼 뿐이다.

참수리에게 먹이를 빼앗긴 흰꼬리수리.

바위틈에 낀 오리를 들고 날아오르는 참수리.

방금 전 생태학교 아이들이 왔다가 떠난 터라 사람들이 거의 없는 틈을 타 오리 사냥에 성공한 흰꼬리수리의 사냥감을 참수리가 빼앗는다.

'그냥 덕소 쪽에 그대로 있었다면 지금보다 훨씬 가까운 곳에서 볼 수 있었을 텐데. 내가 왜 이곳으로 자리를 옮겼을까.'

오늘의 선택이 잘못되었음을 뼈저리게 느낀다.

두 번의 공격 끝에 먹이를 차지한 참수리에게도 불리한 조건이 있다. 참수리가 평소 사람과의 거리를 허용하는 범위보다 더 가까운 강변에 있다는 점과 빼앗은 오리 사체가 바위틈 사이에 끼어 버렸다는 점이다. 무거운 오리 사체를 들어 올리려고 용을 쓰지만 바위틈에 끼어 쉽게 빠지지 않는다. 그 자리에서 오리를 먹기에는 강변 둑과 거리가 너무 가깝다. 그나마 사람이 거의 다니지 않고, 녀석이 한참 앉아 있는 것을 보니 위장 텐트를 떠나 반대편으로 자리를 옮겨도 괜찮을 것 같은 느낌이 든다. 이곳 위장 텐트는 사람이 잘 찾지 않는 곳에 있어 카메라만 챙겨서 나온다.

다시 갈대밭 사이를 헤쳐나간다. 차에 오르기도 전에 온몸에서 땀이 흐른다. 대교를 건너면서 '어디에 차를 세워야 하나' 고민하다가 녀석이 계속 그 자리에 있어주기를 마음속으로 간절히 바란다. 차를 세우자마자 산책길을 헐레벌떡 달려갔지만, 참수리는 이미 조금 전의 자리를 떠나 한강 한가운데 바위 위로 자리를 옮긴 후였다. 아쉽고 허탈했지만 참수리의 모습을 가까이 볼 수도 있겠다 생각하니 새로운 희망이 솟구쳤다. 비록 먼 거리에서의 모습이지만 참수리의 매력에 빠져들면서 참수리를 좇는 나만의 싸움이 시작된다.

사람을 경계하는 참수리

대형 조류에 속하는 황새, 두루미처럼 참수리도 사람에게 굉장히 민감하게 반응한다. 조류는 몸집이 클수록 사람과의 거리가 멀어야만 편안하게 휴식을 취한다. 그러나 우리나라를 찾는 조류는 서식지와는 달리 수시로 사람과 마주치며 생활해야 한다는 것을 아는 듯하다.

사람에게 민감하게 반응하는 두루미나 재두루미가 차 안에 있는 사람에게는 그렇지 않은 이유는 무엇일까? 차는 자신에게 직접적인 피해를 주지 않는다는 것을 인식하기 때문일까? 차 안에서 관찰하던 사람이 문을 열고 나오는 순간부터 잔뜩 긴장했다가 날아가는 것을 보면 사람에 대한 두려움은 우리가 생각하는 이상인 것 같다.

그러나 두루미나 재두루미가 논밭에서 일하는 사람에게는 다른 이들보다 더 가까이 거리를 허용하는 것처럼 수리들도 그렇지 않을까 하는 생각이 들었다. 한강에서 만나는 수많은 사람 중에서 나를 구분해 달라는 것은 아니다. 그저 어떻게 하면 내가 더 가까이 접근하더라도 그들이 나를 경계하지 않을까, 늘 고민할 뿐이다.

2011년 1월 많은 사람이 참수리를 담으러 팔당지구 한강공원을 찾았다. 시즌 초기에 이곳을 찾은 몇몇 사람은 참수리 A(왕발이)의 사진을 담을 수 있었다. 아주 운이 좋은 사람은 참수리 두 마리를 동시에 담기도 했다. 그러나 시간이 지나면서 참수리를 기다리는 사람은 많아도 참수리를 담았다는 사람의 수는 점점 줄어만 갔다.

'늘 같은 경로를 이용하던 참수리가 저녁 시간, 잠자리로 돌아가는 경로를 왜 바꾸었을까?' 하는 의문이 들었다. 12월 동지가 지나면 해가 점점 길어진다. 12월 말에는 5시만 되어도 어둑어둑하더니 1월 중순이 지나서는 5시가 넘어도 밝은 빛이 남아 있다. 그

1 2

1 사람을 향해 아무런 의심 없이 날아오던 참수리는 곧 방향을 돌려 멀어져 간다.
2 참수리가 방향을 바꾸어 사람을 피한다.

렇게 참수리들이 잠자리로 돌아가는 시간이 4시경에서 5시 전후로 바뀌었지만 그렇다 고 경로까지 바꿀 이유는 아닌 것 같았다.

'무엇이 이들의 경로를 바꾸게 한 것일까?'를 곰곰이 생각하다 어느 날 그 해답을 참수리에게서 찾았다. 참수리가 돌아갈 시간이 될 무렵 한강공원에서 나는 녀석들을 기다렸다. 지루했지만 한 번은 마주칠 것이란 생각으로 공원을 서성이다가 멀리서 날개를 퍼덕이며 날아오는 참수리를 보았다. 그때나 지금이나 나는 삼각대를 사용하지 않고 무게가 가벼운 망원렌즈가 장착된 카메라로 참수리를 찍는다.

나를 향해 아무 의심 없이 날아오는 참수리에 초점을 맞추는 순간 렌즈 속으로 참수리의 표정을 읽었다. 아니, 읽은 느낌이 들었다. 놀라고 당황한 표정. 곧바로 방향을 돌려 포물선을 그리며 나에게서 벗어나 어느 정도 거리가 멀어지자 다시 산 쪽으로 방향

참수리가 강변에 세워진 삼각대와 카메라를 위험한 물건으로 여긴다는 것을 알고 난 후 나는 삼각대를 사용하지 않을 뿐만 아니라 삼각대를 세운 곳 근처에도 가지 않는다.

을 잡는다. 그 순간 나는, 참수리가 강변에 세워 있는 삼각대 그리고 자신을 향한 카메라와 망원렌즈를 위험한 물건으로 여긴다는 것을 깨달았다.

그 이후, 나는 한강공원에서 참수리를 담기 위해 삼각대를 세우고 기다리는 사람들을 멀리한다. 그들과 함께 있으면 참수리를 담을 수 없음을 알았기 때문이다. 한강 변에는 많은 사람이 다닌다. 운동하는 사람도 있고 강변 식당이나 커피숍, 레스토랑에서 식사를 마친 사람들이 잠시 산책하기도 한다. 특히 날씨가 따뜻해지면 더 많은 사람이 강변 산책로를 따라 거닌다.

이렇게 사람이 많이 다니는데도 참수리가 사람들 머리 위를 지나 잠자리로 날아간다는 것은 걸어 다니는 사람들에게는 자신을 해칠 요소가 많지 않음을 이미 알고 있기 때문이리라. 새들의 이러한 인지 능력은 다른 새들에게도 비슷하게 나타난다. 하천가의 왜가리나 오리 또한 하천 옆을 지나치는 사람과 자신을 바라보는 사람에 따라 반응이 다르다는 것은 사람들의 어떤 행동이 자신에게 위협을 가하는지를 이미 알고 있다는 뜻이다.

산책하는 사람이 많아도 무시하고 자신만의 경로를 날아다니는 참수리를 볼 때도 있지만 그보다는 사람이 적게 다니는 추운 날씨에 참수리를 만날 확률이 높다. 또한 누군가 삼각대를 세우고 기다리고 있다면 그곳으로는 참수리가 날아가지 않으므로 다른 곳을 선택해 기다린다.

때로는 이런 전략이 들어맞아 나는 남들보다 참수리 사진을 많이 담았다. 참수리가 나를 다른 사람과 구별하기를 바라지만, 나 역시 가까이 해서는 안 될 인간이라는 것을 잘 알고 있다. 그나마 사람들에게 적응해 조금 덜 예민한 왕발이도 사람들 눈에 자주 띄긴 하지만 여전히 다른 조류보다는 더 까칠하고 민감하다. 카메라를 든 나를 의식하지 않아 더 다가갈 수 있기를 희망해보지만, 한순간의 방심이 죽음으로 이어질 수 있는 자연의 냉혹한 현실에 처해 있는 참수리들에게 너무나 큰 것을 바라는 것이리라.

녀석들에게 접근할 때 나는 항상 자세를 낮추고 천천히 움직여 녀석들의 시야에 자연스럽게 들어가려고 노력한다. 내가 원하는 것은 단 하나, 참수리들이 부디 작은 것에도 방심하지 않고 경계를 철저히 해 이곳 월동지 생활뿐만 아니라 서식지에 돌아가서도 경계심을 잃지 않고 오래도록 해마다 한강을 찾아주는 것뿐이다.

사람에게 민감하고 경계심이 심한 참수리를 담으려면 녀석보다 먼저 자리를 잡고 기다리는 방법이 효과적이다.

바람이 불고 기온도 낮은 무척이나 추운 날이다. 위장막을 치기에는 시간이 부족하고 장소도 확신하지 못해 강둑 갈대밭에 앉아 한 시간 동안 망원경으로 관찰한다. 참수

대부분 강변에서 볼 수 있는 참수리는 조그맣고 까만 기둥 모양으로 보인다. 해마다 이렇게 두 마리가 붙어 있는 장면을 자주 보았으나 2015년에는 이런 모습을 보기 힘들었다. 녀석들 사이에 무슨 일이 생긴 것일까?

리가 작은 점으로 보일 정도로 멀리 떨어져 숨어 있지만 녀석은 꼼짝도 않고 있다.

한강에서의 탐조는 새들을 기다리는 것도 힘들지만, 추위와의 싸움이 더욱 힘들다. 차에서 내려 강변으로 발을 내딛는 순간 찬바람을 피할 곳도 없고, 몸을 숨길 만한 장소도 마땅치 않다. 위장 텐트를 치면 나는 텐트 안에 숨을 수 있지만 우뚝하니 솟은 위장 텐트 자체는 숨길 수 없다.

이곳을 찾는 사람 대부분은 참수리의 기다림보다는 한강의 매서운 바람과 추위에 지쳐 뒤돌아서고 만다. 식당가 주차장에 차를 세우고, 차 안에 앉아 녀석이 가까이 날아올 행운을 기다린다. 그렇게 또 한 시간이 흐른다. 바위 위의 녀석은 그대로 앉아 있는데 큰 날개를 퍼덕이며 어떤 녀석이 조금 전에 내가 숨어서 기다리던 강둑 갈대밭 앞을 지나 한참 앞으로 날아간다. 흰꼬리수리겠지, 하며 멍하니 뒷모습을 보고 있노라니 꽁지

역광을 받으며 날아오는 참수리는 흰꼬리수리와 쉽게 구별이 되지 않는다. 그러다가 순광으로 바뀌고 나면 어깨깃이 뚜렷하게 보여 금방 표시가 난다. 강물 위를 낮게 날아가는 참수리를 보며 겨울철 한강이 살아 있음을 느낀다.

깃이 쐐기꼴이다. '아, 참수리인데……. 이젠 늦었다' 하고 탄식하며 녀석의 뒷모습만 쳐다본다.

녀석은 한참 식당가 저만치 선회하며 고도를 높인다. 이미 가까이에서 담기는 틀렸지만 차를 몰아 최대한 녀석과 가까운 곳으로 간다. 녀석은 어느덧 산중턱을 선회하고 있다. 이어서 바위에 앉아 있던 녀석이 합류하고, 상류 쪽에서 한 마리가 더 합류해 참수리 성조 세 마리가 공중을 선회한다.

'참수리 성조 세 마리를 한꺼번에 볼 수 있다니, 정말 행운이야'라고 생각하면서도 사진에 담을 수 없는 아쉬움이 크다. 녀석들은 이미 산정상 너머 하늘 높은 곳에서 선회하고 있다.

녀석들은 예봉산 정상보다 훨씬 더 높은 곳을 선회한다. 한 시간을 올라 예봉산 중턱

2012년 12월 24일 크리스마스 이브, 낮에 나온 달이 예봉산 위로 떠올랐다. 참수리도 저녁 잠자리로 가려고 날아올랐다. 한 녀석이 공중에서 선회하자 다른 곳에 있던 녀석도 어느새 합류한다.

에서 녀석들을 담을 수 있는 곳을 찾아두었건만, 한번도 기회를 주지 않던 녀석들이 지금 그곳 상공을 선회하고 있다. 언제나 이런 식이다. 한강을 벗어난 지역에서 내가 예상하고 기다리면 정작 만나기 힘들다. 녀석들이 자주 이용하는 곳에 가 있으면 마치 내가 있다는 것을 알기라도 하듯 나타나지 않는다. 녀석들과의 만남이 거듭될수록 참 영리하면서도 의심이 많음을 깨닫는다.

참수리와 흰꼬리수리의 사람과의 거리에 따른 민감도는 한강에서 참수리를 사진으로 담는 과정에서 자연스럽게 터득했다. 참수리나 흰꼬리수리들이 앉아서 쉬거나 사냥하고 난 다음 만나는 바위나 빙판까지의 거리를 기준으로 녀석들은 매번 비슷한 행동을 한다.

팔당대교 하류 당정섬 앞의 바위들이 띠를 이룬 지역은 사람과의 거리가 160미터쯤으로 논병아리, 물닭, 흰뺨오리들이 주로 먹이 활동을 하는 곳이다. 낮에는 이곳 바위에 참수리나 흰꼬리수리가 거의 앉지 않는다. 주로 아침 이른 시간이나 사냥 실패 후 잠시 쉬었다 가거나 산책하는 사람이 없을 때 잠시 이용한다. 이곳에 앉아 있을 때 산책하는 사람이나, 자전거를 탄 사람이 지나가면 곧바로 날아오른다. 흰꼬리수리 역시 그 정도의 거리에서는 참수리처럼 민감하게 반응한다. 하지만 흰꼬리수리가 식사를 할 때면 가끔 이 거리 정도는 허용한다.

팔당대교 상류는 강폭이 채 400미터가 되지 않아 강 한가운데라도 사람들과의 거리는 채 200미터가 안 된다. 이 정도 거리라면 사람에게 민감하게 반응할 수밖에 없다. 참수리들은 이곳 바위들을 휴식이나 정찰의 장소로 이용하지 않는다. 월동지에 막 도착한 시즌 초기에는 가끔씩 내려앉기도 하지만 근처에서 작은 움직임을 포착하면 곧바로 날아가 버린다.

흰뺨오리들은 사람이 나타나면 슬금슬금 강 안쪽 바위 지대로 이동한다. 하지만 수리들과는 달리 가까운 거리에서 가만히 앉아서 기다리면 이렇게 떼로 날아들기도 한다.

이곳은 참수리가 잘 이용하지 않는 지형이지만 흰꼬리수리 성조나 어린 새는 약간 더 강 안쪽의 바위를 휴식처 겸 정찰 장소로 이용한다. 특히 흰꼬리수리 어린 새들은 정찰지로나 사냥한 먹이를 먹으려고 이용할 때도 많다. 어쩌다 참수리가 이곳을 이용할 때는 강변을 지나가는 사람들에게 굉장히 민감하게 반응하는데 혹여 지나가는 사람이 멈추어 서면 금세 다른 곳으로 날아가 버린다.

팔당대교가 가까워지면서 카페촌이 시작되고 그 앞으로 크고 작은 바위들이 듬성듬

아침 안개가 피어나는 시간, 참수리나 흰꼬리수리보다 먼저 자리를 잡고 조용히 기다리면 가끔 내가 있는 것을 예상하지 못하고 날아오는 흰꼬리수리와 만난다.

성 펼쳐진다. 그 가운데 약 230미터 정도 떨어져 있는 바위들을 흰꼬리수리가 이용하는데 수목 탓에 시야가 조금 방해를 받는다. 이곳에서 흰꼬리수리는 제법 오랫동안 앉아 있지만, 참수리는 5분을 넘기지 못하고 날아가 버린다.

팔당지구 한강공원 앞 바위는 강변 끝에서 약 350미터 거리에 있어 예전에는 참수리가 즐겨 앉았다. 이보다 가까운 230미터 정도 거리의 바위에 앉아 있을 때 사람이 멈추어 서서 지켜보면 참수리는 약 5분 이내 자리를 뜨는 경우가 많다. 하지만 이곳 바위는

사람들이 다니는 길에서 약 400미터의 거리이고, 수목 지대를 지나 물가에 내려서면 약 350미터 정도가 된다. 이 바위에 앉아 있을 때 조심조심 다가가 지켜보면 10분 정도 있다가 피하는 경향을 보이며, 왕발이는 촬영해도 피하지 않을 때가 많다. 오랫동안 한강에 찾아드는 왕발이는 이따금씩 약 200미터의 거리에서 촬영해도 전혀 피하지 않는다.

당정섬은 덕소나 하남 강변 어느 쪽으로든 400미터 이상 떨어져 있어 사람들의 접근에 아무 영향을 받지 않고 참수리나 흰꼬리수리가 자유롭게 활동하는 공간이다.

비교적 대형 조류에 속하는 두루미도 사람의 접근에 상당히 예민해 약 200미터 이상의 거리에도 내내 사람을 경계하면서 언제든 날아갈 준비를 한다. 두루미와 비교해 참수리가 훨씬 더 예민하다는 것을 알 수 있다.

이를 토대로 참수리들이 편안하게 활동할 수 있는 월동지의 조건을 살펴보자. 이곳 한강 팔당지구뿐만 아니라 우리나라에서 참수리들이 월동지로 이용하는 곳은 한겨울 가장 추위가 심한 시기에도 물이 완전히 얼지 않아야 한다. 또한 물고기와 조류 등 먹잇감이 풍부하고 사람의 간섭에서 완전히 자유롭게 400미터 이상의 거리에 자연적인 쉼터가 있는 지역이어야 한다. 그리고 잠자리로 적합한 나무가 우거진 숲이 근처에 있다면 참수리가 해마다 찾아들 월동지가 될 확률이 높다.

↑ 강변에서 약 160미터 떨어져 있고 바위들이 띠를 이루는 이곳은 참수리나 흰꼬리수리가 사람이 없는 아침 시간에만 잠시 이용한다.

←… 카페촌 앞 약 230미터 떨어진 거리에 있는 바위에 참수리가 앉아 있다. 일 년에 한 번 정도 앉아 있는 모습을 볼 수 있는데 사람들의 움직임을 관찰하다가 조금이라도 의심이 들면 날아가 버린다.

이러한 조건에 해당하는 곳이 우리나라에 얼마나 될지 알 수 없지만, 몇몇 곳은 이미 여러 해 동안 참수리가 월동지로 이용하는 것으로 보아 인간의 간섭이 대체로 쉬운 환경에서도 참수리가 쉴 곳이 있다는 것을 알 수 있다. 특히 한강 팔당지구를 찾는 참수리는 비교적 많은 사람과 접촉할 수밖에 없는데 서식지보다는 이곳 환경에 적응되어 생활하는 것으로 보인다. 또한 한강 유역에 자라는 나무들이 사람들과의 차단벽 역할을 한다. 이처럼 참수리들에게 심리적 안정감을 줄 인위적인 차단벽 구간을 만들었으면 한다. 이런 안정된 환경을 조성해 참수리와 흰꼬리수리가 한강을 월동지로 오랫동안 이용하기를 희망해본다.

위장 텐트 1

아침 일찍 한강으로 향한다. 참수리들이 가끔 사냥하는 모습을 보여주는 곳 근처에 전날 저녁 미리 위장 텐트를 설치해 두었다. 오랜 시간 관찰하려면 이동하기 편하고 손쉬운 농사용 검은 위장막을 사용할 수도 있지만, 참수리 시즌이 끝나면 그 자리에 버려두고 떠날 확률이 높아 사용하지 않는다.

귀찮아도 개인용 위장 텐트를 사용하고, 주변에 있는 갈대와 나무들로 다시 위장 텐트를 덮는다. 사람들이 주변 가까이 와도 잘 알아볼 수 없을 정도로 꾸민 후 짧게는 일주일, 길게는 2~3주 정도 지난 후에 철수한다. 텐트 쳤던 자리에 있던 나무와 갈대들을 갈무리하여 아무 흔적 없이 해놓고 떠난다.

참수리와 흰꼬리수리들이 아직 산속에 있을 이른 아침 시간, 조용히 위장 텐트 안에

갈대와 나무로 꾸민 위장 텐트.

들어간다. 그러고는 한겨울의 추위와 기다림과 싸우며 참수리를 기다린다. 아침부터 시작한 기다림에도 참수리와 흰꼬리수리는 모습을 보이지 않는다. 위장 텐트를 친 곳에서 비오리가 많이 보인다. 비오리들은 해가 떠오르고 기온이 서서히 오르는 9시를 넘기면서부터 모여들기 시작하는데 10시경에는 굉장히 활발한 모습을 보인다.

비오리는 잠수성 조류로 물속에 들어가 물고기를 잡아 물 위로 올라온다. 비오리 한 마리가 물고기를 잡아 올라오면 한바탕 소동이 일어난다. 물고기를 잡은 녀석은 물고기를 동료들에게 빼앗기지 않으려고 빨리 삼키려 하고, 몰려드는 녀석들은 어떻게든 물고기를 빼앗으려고 덤벼든다. 날개를 퍼덕이며 물장구치면서 물고기를 잡은 녀석 주위로 몰려드는 모습은 치열한 생존경쟁을 보는 듯하다. 누군가 노력해서 얻은 대가를 마치 자기 것인 양 힘 있는 녀석이 빼앗아가고 다시 그것을 또 다른 녀석이 빼앗아가는 것을

2015년 이전에는 비오리 수컷이 물고기를 잡으면 비오리 수컷들만 먹이를 빼앗으려고 덤벼들었다.

2015년에는 누가 잡든지 주위에 있는 모든 녀석이 서로 빼앗으려고 달려든다. 그들만의 질서가 무너진 듯 보인다.

보면, 이들의 삶 역시 우리 인간들처럼 쉽지 않다는 것을 느낀다.

한동안 관찰한 결과, 수컷 비오리가 물고기를 잡으면 수컷들만 모여들고, 암컷 비오리가 물고기를 잡으면 암컷들만 모여드는 게 참 신기했다. 적어도 2011년에는 물고기를 잡는 속도가 빨랐고 물고기를 두고 벌어지는 각축전도 멀리서 심심찮게 보았지만, 2015년에 들어와서는 비오리의 수가 줄어들었고 잡은 물고기를 놓고 벌이는 각축전의 양상도 바뀌었다. 이 시즌 중에는 수컷이든 암컷이든 물고기를 잡으면 근처에 있는 모든 비오리가 그 물고기를 빼앗으려고 모여든다. 나름대로 지켜지던 어떤 규칙이 깨어진 것 같은 비정함이 느껴진다.

마치 물속 환경에 어떤 변화가 생긴 것 같다. 새들이 잡는 물고기의 크기와 개체 수가 많이 줄어든 듯하다. 먹이 부족으로 경쟁 관계가 더욱 치열해진 것은 아닌가 하는 생각을 떨칠 수 없다. 2014년 여름, 집단으로 번식하고 이동하는 등 사회성이 뛰어난 우리나라 텃새인 민물가마우지가 한강에서 번식하여 그 개체 수가 엄청나게 늘어났다. 그리고 민물가마우지는 물속에서의 사냥 실력 또한 대단하여 한강의 물고기가 매우 빠른 속도로 줄어들었으리라 나름대로 추정해본다.

한강의 다른 곳에서는 잘 보이지 않던 흰비오리 한 쌍도 이곳에서 볼 수 있다. 2011년부터 2015년까지 언제나 암수 흰비오리 한 쌍을 이곳에서 만났다. 깔끔하고 깨끗한 하얀 깃털로 덮인 녀석들은 마치 기품이 흐르는 귀족처럼 보인다.

2015년에 그동안 한 번도 보이지 않던 호사비오리가 이곳에 나타났다. 무심코 비오리라 생각하고 관심을 갖지 않다가 렌즈로 다시 살펴보니 귀한 호사비오리 암컷이다. 하류 쪽에서는 호사비오리 수컷도 볼 수 있다지만 참수리를 기다리는 나는 일부러 다른 녀석을 찾아갈 필요를 느끼지 못한다.

흰비오리 수컷.

그 밖에도 넓적부리, 흰뺨검둥오리, 큰고니, 논병아리, 청둥오리가 내 앞을 지나가기도 하고 한참을 놀다 가기도 한다. 때로는 렌즈의 움직임을 보고 슬금슬금 뒤꽁무니 치는 녀석이 있는가 하면, 무엇이 있다는 것을 알면서도 별로 신경 쓰지 않는 녀석도 있다. 마치 사람들처럼 각각의 개성으로 나를 대하는 녀석들이 인상적이다.

온종일 기다려도 참수리나 흰꼬리수리를 보지 못하면 내가 할 수 있는 일이란 이렇게 내 앞을 지나가는 녀석들을 관찰하는 것이다. 가만히 자연의 아름다운 소리에 귀기울인다. 강물이 넘실대며 찰랑거리는 소리, 얼음끼리 부딪치는 맑고 경쾌한 소리, 얼음장 밑으로 졸졸 흐르는 물 소리는 마음을 차분하게 가라앉히는 음악과 다름없다.

어느덧 오후 4시가 지나면 더는 미련을 갖지 않고 떠날 준비를 한다. 일찍 해가 기우는 곳이기에 하루의 피로와 추위가 더욱 크게 느껴진다. 하지만 같은 일이 며칠 되풀이 되면 그해는 더 이상 위장 텐트에 들어가지 않는다. '올 한 해는 이곳에서 수리를 만날

호사비오리 암컷. 2015년 일간지에 호사비오리 15마리 정도가 팔당지구를 찾았다는 기사가 실렸다.

수 없는 모양이다'라고 판단하여 위장 텐트를 완전히 철수한다.

2011년 어느 날, 위장 텐트에서 참수리를 기다린다. 오전 10시가 넘도록 참수리가 보이지 않는다. 건너편 강변에 나와 같은 목적을 가진 사람이 강변 숲에서 내려온다. 지난번 위장 텐트에서 본 적이 있다. 그는 준비해온 생선 몇 마리를 빙판 위에 던지고는 개인용 위장 텐트에 들어가 몸을 숨긴다.

나는 한번도 시도한 적이 없는, 먹이로 유인을 시도한다. 과연 참수리나 흰꼬리수리가 먹이에 유인되어 내려올까 하는 궁금증이 생긴다. 세 시간여가 흐르는 동안 참수리나 흰꼬리수리는 보이지 않는다. 팔당댐까지 늘 순찰하던 그 흔한 갈매기조차 보이지 않는다. 순간 '저 생선을 갈매기가 물고 가면 안 되는데' 하고 괜한 걱정을 한다. 어쩌면 갈매기가 물고 갔다면 오히려 참수리나 흰꼬리수리가 그것을 빼앗으러 내려왔을 텐데. 아무 수확이 없자 그 사람은 철수한다.

'과연 먹이로 참수리나 흰꼬리수리를 유인할 수 있을까?' 하는 의문이 남는다.

위장 텐트 안에서는 참수리나 흰꼬리수리가 사냥할 때 강과 수평으로 날아 조금이라도 가까운 거리에서 그 모습을 담을 수 있다는 장점이 있지만, 시야가 좁아 내 앞이 아닌 다른 곳에서 일어나는 상황은 알기 어렵다. 매년 위장 텐트를 설치하지만 해를 거듭할수록 이용하는 횟수는 줄어만 간다.

위장 텐트 2

아내를 바래다주고 나서 바로 위장 텐트에 들어가기로 한다. 텐트를 미리 쳐 놓았지만 준비할 것들이 많다. 종일 좁은 텐트에서 지낼 것이기에 제일 먼저 먹을 것을 준비한다. 부담없이 간단하게 먹을 수 있는 것으로 보리건빵 한 봉지와 사과 한 개는 필수이다. 그리고 아침에 사온 떡 한 팩과 물 한 병이 오늘 먹을 것의 전부이다.

조류용 위장 텐트는 대부분 바닥이 없지만 내 것은 바닥이 있어 의자 없이 낮은 자세로 새를 담기로 한다. 바닥에서 올라오는 한기를 막을 야외용 은박 매트리스 하나, 추위를 막아줄 침낭과 얇은 모포 한 장, 그리고 등산용 손난로 하나를 챙긴다. 이어서 가장 중요한 렌즈와 카메라, 여분의 카메라 한 대, 삼각대가 전부이다. 이 모든 것을 한꺼번에 옮겨야 한다. 나눠서 옮기기엔 거리가 멀고 눈 쌓인 언덕을 여러 번 내려갔다 올라갔다 하기에도 많이 불편하다. 결정적으로 내가 텐트에 들어가는 시간이 흰꼬리수리나 참수리가 한강에 나오는 시간과 거의 일치하다 보니 조금이라도 일찍 텐트에 들어가야 참수리나 흰꼬리수리에게 들키지 않는다.

오전 내내 기다리지만 흰꼬리수리나 참수리가 보이지 않는다. 위장 텐트에 있다고 해도 참수리를 만날 확률이 낮다. 오후 사냥 시간이 되면 분명 기회가 올 것이라고 믿고 기다린다.

미리 설치해둔 위장 텐트.

강 건너편에서 사람의 움직임이 포착된다. 빨간 옷을 입고 있어 더욱 눈길을 사로잡는 두 사람이 강변으로 내려선다. 나이가 지긋한 사람과 아직 젊은 사람이다. 가지고 온 물건을 바위 위에 펴고 제사를 올린다. 강의 신에게 소원이라도 비는 것일까? 아니면 자녀의 안녕을 기원하는 기도일까? 덕분에 심심하지는 않지만 녀석들은 날아오지 않으리라. 위장 텐트에 머무는 것을 포기할까? 아직은 시간이 많이 남아 있다.

한 시간쯤 지나서야 그들은 물건을 챙긴 뒤 언덕을 올라 강변에서 멀어진다. 지금은 사냥해야 할 시간인데 그 두 사람 때문에 귀중한 시간을 낭비했다는 생각이 든다. 잠시 후 건너편 빙판 위로 흰꼬리수리 한 마리가 날아든다. 이제 사냥을 시작할 것 같다. 녀석의 움직임을 주시하며 내내 긴장의 끈을 놓지 않는다.

빙판 위에서 한참 앉아 있던 녀석이 날개를 퍼덕이며 상류로 방향을 틀어 날아오른다. 사냥을 포기하고 날아가는 것일까? 녀석은 다시 방향을 바꾸더니 좀 전에 앉아 있던 빙판 앞 여울에서 사냥을 시도한다. 잠깐 호버링을 하는가 싶더니 곧장 물속으로 다리를 쑥 내밀어 물에 담가 이내 힘찬 날갯짓을 하며 물고기를 채어 올린다. 사냥한 물고기를 움켜잡고 날아가는 모습이 마치 보물 대하듯 한다. 사냥을 마친 녀석은 다른 녀석

들이 따라올까 봐 얼른 방향을 바꾸어 산으로 들어간다. 참수리의 사냥을 담지 못해 아쉽긴 해도 기다린 보람이 있는 하루였다.

이틀 뒤 다시 위장 텐트에 들어간다. 사냥터의 위치가 좋은지 그곳에서 매일 일정한 시간에 흰꼬리수리 한 녀석이 사냥에 성공하는 모습을 보이며 나를 텐트로 유혹한다. 하지만 내가 기다리는 것은 흰꼬리수리가 아니라 참수리이다. 녀석이 이곳 어딘가에서 가끔 사냥을 시도한다는 것을 알기에 언젠가는 사냥 장면을 담을 수 있으리라는 기대로 위장 텐트에 들어간다. 흰꼬리수리가 사냥한다는 것은 근처 어딘가에서 참수리가 내려다볼 수도 있음을 뜻한다.

며칠 전 내린 하얀 눈이 다 녹지 않고 남아 있다. 날씨가 춥지 않다지만 한겨울 날씨는 여전히 으스스 춥다.

'오늘도 긴긴 하루가 되겠지'라고 생각하면서 언제 올지 모를 녀석을 기다리는 마음은 늘 긴장의 연속이다. 그나마 다행인 것은 녀석의 사냥 시간을 예측할 수 있다는 점이다. 이틀 간격으로 사냥 장면을 담고 있는데 사냥 시간이 정해진 듯 일정하다.

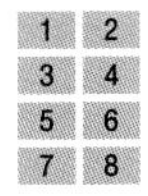

1 빙판 위에 있던 흰꼬리수리가 날아올라 수면 위에서 호버링을 시작한다. 그러다가 점점 수면과 가까워진다.

2 물수리처럼 발톱을 세워 물고기 잡을 준비를 하지만 높은 곳에서 수직 낙하하듯 내려오는 물수리와 달리 흰꼬리수리는 사냥할 때 물방울 튀는 긴박감이 없다.

3 조용히 발을 물속에 쑥 집어넣었다가 들어올리니 어느새 물고기가 발톱에 걸려 딸려 올라온다. 아주 쉽게 건져 올리는 것 같지만 오랜 기다림 끝의 사냥이다.

4 물고기를 잡은 후 다른 녀석들에게 들키지 않으려면 최대한 몸 쪽으로 물고기를 바짝 움켜쥐고 재빨리 산으로 들어가야 한다.

5, 6 물고기를 들고 시속 약 45킬로미터의 속도로 날아갈 수 있지만 물고기가 없는 녀석들의 속도는 훨씬 빨라 안전한 장소로 최대한 빨리 가는 게 문제이다.

7 날갯짓이 버겁긴 해도 먹이가 있어 그리 힘든 줄 모를 것이다.

8 녀석은 운이 좋았다. 다른 녀석들의 간섭 없이 조용히 산속으로 들어간다.

1 2 3 4

1 참수리는 흰꼬리수리보다 훨씬 빠르게 사냥을 진행한다. 산 위에 있던 녀석이 순식간에 수면 위로 뚝 떨어져 내린다. 그 순간을 눈으로 볼 수 있어도 사진으로는 담을 수 없다.

2 수면 5~7미터 위에서 잠시 호버링을 하는가 싶더니 곧바로 수면으로 내려가 발을 물에 집어넣었다가 쑥 들어올린다. 물고기의 몸부림에도 아랑곳없이 참수리의 발톱에 물고기가 딸려 올라온다.

사냥 시간을 알면서도 일찌감치 위장 텐트를 찾는 것은 오전에도 사냥을 하기 때문이다. 한 녀석이 오전과 오후 두 번 사냥하는 것 같진 않지만, 아무튼 오전 사냥 시간대와 오후 사냥 시간대가 나뉘어 있다. 텐트 안에서의 좁은 시야를 어떻게든 확보하려면 텐트 앞에 붙어 있을 수밖에 없다. 참수리나 흰꼬리수리의 사냥은 신호 없이 조용히 벌어지기 때문에 내내 텐트 밖을 신경 써서 살펴보아야만 한다.

드디어 참수리 한 마리가 보인다. 참수리와 흰꼬리수리의 사냥 방법의 차이는 참수리가 흰꼬리수리보다 속전속결로 사냥을 한다는 것이다. 흰꼬리수리가 사냥하려고 호버링을 하고 사냥한 뒤 날아가는 장면이 마치 영화의 슬로우 모션이라면, 참수리는 사냥한 지 얼마 되지 않아 이미 사냥을 끝내고 쌩하니 다른 곳으로 날아간다. 아무래도 도로와 인접한 지역이다 보니 민감하게 반응하는 것이리라. 그래서 참수리를 담으러 위장

3 물고기를 조용히 위로 들어 올린 참수리는 마치 할 일을 끝냈다는 듯이 물방울을 튀기며 물고기를 채어 올린다.
4 물고기를 움켜쥐고 점점 고도를 높이며, 산속으로 들어갈 준비를 한다.

텐트로 들어갈 때는 사소한 부분까지 감안해 아주 짧은 순간도 놓치지 않으려고 늘 긴장 상태로 지켜본다.

텐트 안에서 좁은 시야로 밖을 바라보니 하얀 물체가 수면 위로 갑자기 뚝 떨어지듯 내려온다. '아, 참수리다' 하며 한마디 한 그 순간이다. 그 순간을 눈으로 볼 수는 있어도 사진으로 담을 수는 없다. 내 시야에 들어와 호버링하는 순간까지의 시간이 아주 짧기 때문이다. 수면 위 5~7미터 높이에서 잠시 호버링하며 물속 상황을 살피는가 싶더니 곧바로 수면으로 내려가 발을 물속에 쑥 집어넣는다. 물방울도 튀지 않고 아주 조용하게, 사냥이라 느껴지지 않을 만큼 자연스럽게 발을 물에 집어넣었다가 쑥 들어 올린다. 이어서 참수리의 발톱에 물고기 한 마리가 낚싯바늘에 걸린 듯 딸려 올라온다. 사냥을 끝낸 참수리는 마치 할 일을 다 끝낸 듯이 몸부림치는 물고기를 채어 올려 비로소 사냥의 치열함을 보여주듯 물방울을 튀기며 고도를 높인다. 폭이 좁은 이곳 바위 위에서 식사하기를 기대하지만 녀석은 산에서 느긋하게 식사를 할 모양이다.

이번에도 위장 텐트 쪽과 반대편 강변 가까이에서 사냥했다. 그것을 알면서도 이쪽 강변을 이용할 수밖에 없는 이유는, 참수리나 흰꼬리수리에게 들키지 않게 위장 텐트에 들어갈 수 있고 참수리를 사진에 담을 때 빛의 방향도 훨씬 좋기 때문이다.

위장 텐트 3

2011년 시즌 들어 위장 텐트에 들어가는 날이 점점 늘어난다. 그만큼 녀석들의 사냥 시간과 장소에 대한 확신이 섰기 때문이다. 언제나처럼 아침 시간에 텐트를 쳐둔 곳으로 향한다. 밤새 소복이 쌓인 눈을 밟으며 언덕을 내려간다. 숲을 내려가 텐트에 들어가려는 순간 흰꼬리수리 한 마리가 나를 향해 빠른 속도로 강을 가로지른다. 아직 나를 보지 못한 모양이다.

'어떻게 하지? 그냥 가만히 있을까, 카메라를 꺼낼까?' 하는 마음의 갈등이 일어난다. '흰꼬리수리 사진은 이미 많은데, 또 찍어서 뭐 하게' 하는 생각으로 조용히 웅크리고 녀석이 지나가기를 기다린다. 기회는 단 한 번, 그 순간을 놓치면 텐트에 들어앉아 있는 의미가 없다.

좁은 텐트 안에서의 끝없는 기다림이 다시 시작된다. 매일 보는 비오리나 흰비오리와 텐트 앞을 지나가는 청둥오리 가족이나 논병아리도 이제는 관심없다. 얼음 부딪히는 소리와 물 흐르는 소리가 더 청명하게 들려온다. 무료함을 달래려고 책을 가지고 왔지만 읽을 틈이 없다. 잠시 책에 눈을 돌리는 그 순간에 혹시나 사냥 장면을 놓치면 어쩌지 하는 생각 때문이다.

내내 긴장하던 아침 사냥 시간이 지나면서 잠시 마음의 여유와 긴장된 몸을 풀려고 좁은 텐트에 누워 밖을 살핀다. 자리에 누우면 시야는 더 좁아지지만 지금 시간에는 사냥하지 않는다는 것을 알기에 오후 사냥 시간에 집중하기 위해 누워서 휴식을 취한다.

점심을 간단히 먹고 나서 다시 긴장 상태로 들어간다. 오후 사냥 시간이 되었다. 언제 일어날지 모르는 순간을 기다린다. 무념무상, 이렇게 밖의 상황을 주시하며 기다릴 때는 아무런 생각도, 잡념도 없다. 지금 이 시각 한곳에 집중하는 현실의 나만 느낀다. 어떤 것에 집중하면서 다른 모든 걱정과 근심을 잊는 이런 시간이 좋아 몸이 피곤하고 자리도 불편한 줄 알면서도 내내 위장 텐트에 머문다.

물에 떠내려오는 제법 큰 오리 사체가 시야에 들어온다. '저게 뭐지, 누가 사냥을 했나?' 하는 생각에 떠내려오는 커다란 비오리 사체에 집중한다.

'참수리야 내려와라.' 진심으로 기도하는 심정이다. 분명 산에서 어떤 녀석이 이 장면을 지켜보고 있을 테고, 그 녀석이 참수리이기를 바랄 뿐이다.

하지만 나의 기대와는 다르게 흰꼬리수리 어린 새가 나타났다. 마치 물고기 사냥하듯 물 위에서 호버링을 하며 사냥감을 노려보다가 발을 조용히 내려 물속에 담근다. 마침내 사체를 움켜쥐고 건져냈지만, 어린 흰꼬리수리가 들기엔 너무 무거운가 보다. 잡았던 오리 사체를 물 밖으로 끌어내지 못한다. 나는 마음속으로 '제발 사체를 끌어내 가까운 바위 위로 올라가'라고 외치지만 흰꼬리수리의 첫 번째 시도는 실패하고 만다.

'흰꼬리수리야, 다시 시도해. 빨리!' 사체는 물결을 타고 떠내려간다. 어린 흰꼬리수리의 2차 시도 역시 실패하고 만다. 아무래도 흰꼬리수리에게는 버거운가 보다. 2차 시도

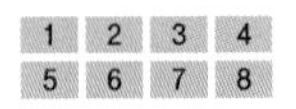

1 물결에 떠내려오는 오리 사체를 발견하고 흰꼬리수리 어린 새가 발톱을 내리고 건져 올릴 준비를 한다. 사체는 상대적으로 에너지 소비가 적은 사냥감이다.

2 발톱을 세우고 물속의 사체를 잡을 준비를 하고 있다.

3 녀석의 사냥 방법은 무척 간단하다. 물속으로 발을 넣기만 하는데 저렇게 해서 과연 물고기를 사냥할 수 있을까 싶기도 하다. 이번에는 죽은 오리이니 더 쉬울 것 같다.

4 물속의 오리 사체를 발톱으로 완전히 낚자 갈매기 한 마리가 먹이에 관심을 가지고 따라온다.

5 오리 사체를 물 밖으로 채어 올리는 순간 힘에 부치는지 놓치고 만다. 만약 참수리라면 쉽게 채어 올려 날아가지 않았을까?

6 다시 호버링을 하며 정확히 채어 올릴 준비를 한다.

7 한 번 실패한 뒤라 곧장 물에 발을 담그지 않고 떠내려가는 오리 사체를 따라가기만 한다.

8 2차 시도도 실패하자 흰꼬리수리는 미련을 버렸는지 물결을 타고 떠내려가는 오리 사체에서 멀어져 간다.

실패와 함께 기회가 사라져 간다. 이미 오리 사체는 저만치 멀어지고 있다. 한강의 물이 그렇게 빠른지 그동안에는 미처 알지 못했다. 하류 바위틈이나 강변에 사체가 걸리면 결국 흰꼬리수리가 먹겠지만, 지금은 따라갈 수도 없다. 온통 먹잇감에 집중한 흰꼬리수리가 가까이 있는 나를 의식하지 않을 좋은 기회였는데 아쉽게 되었다. 그래도 절반의 성공인 셈이다.

이렇게 2011년 시즌 동안에는 하루 건너 텐트에 들어앉기를 반복했다. 이곳에서의 수확이 괜찮아 오랜 기다림이라도 다시 희망을 가지고 위장 텐트로 향한다. 이곳에서의 촬영에도 단점은 있다. 가까운 곳에서 벌어지는 사냥을 보기 어렵다는 점이다. 늘 강 반대편 가까이 벌어지는 사냥을 보며 아쉬워한다. 그 결과, 수리들의 배경이 되는 강변의 거리가 가까워 배경이 도드라지는 점이 늘 아쉬움으로 남았다.

다시 해가 바뀌었다. 2012년 시즌에도 위장 텐트를 치기는 했지만 아무 수확이 없다. 해가 지날수록 위장 텐트에 대한 확신이 사라진다. 그렇다고 포기할 수도 없다. 다시 새로운 한 해가 시작되고, 해마다 하던 일을 반복한다.

위장 텐트를 철수하다

2013년 시즌이다. 몇 차례 시행착오와 그동안 한강에서 관찰한 경험에 비춰 이른 아침에 참수리가 사냥하지 않으니 일찌감치 위장 텐트에 들어간다 해도 달리 할 일이 없다. 막 어둠이 가신 아침녘의 빛은 사진으로 담기에는 너무 어둡다. 텐트에 들어가 촬영 준비를 끝내면 할 일이 없어진다.

침낭에 들어가 잠시 눈을 붙인다. 추운 날씨에서도 피곤함을 몰아내는 단꿈에 든다. 곤히 잠들었나 보다. 한참을 자다가 너무 많이 잔 것 같아 눈이 번쩍 뜨인다. 10시 30분, 2시간 반을 곤히 잤다.

처음 텐트를 칠 때 왼쪽 앞의 갈대가 시야를 조금 가린다고 생각했지만 어차피 시야가 완벽한 곳은 없다는 생각에 정리하지 않고 그냥 두었다. 바람에 하늘거리는 갈대를 보면서 어떻게 할까 망설인다. 그러나 지금 밖에 나갈 수 없다. 어쩔 수 없이 오늘은 그냥 버티고 다음에 정리하기로 한다.

잠에서 깬 지 5분도 채 되지 않아 하얀 물체가 하늘에서 강으로 뚝 떨어져 내린다. 엄청난 속도로 하강해 강물 위 5~7미터 상공에서 속도를 줄여 잠시 호버링을 하는가 싶더니 강물에 발을 쑥 집어넣고는 침착하게 발을 들어 올리면서 물고기 한 마리를 발톱으로 채어 올린다. 흰꼬리수리와 사촌 간인 미국의 국조 흰머리수리는 사냥할 때 하강 속도가 시속 120~160킬로미터에 이른다고 한다. 아마도 참수리는 덩치가 크고 긴 날개로 무장한 녀석이라 더 빠른 속도로 하강하지 않을까 생각하지만 그에 관련된 자료는 찾을 수 없다.

녀석이 사냥한 장소는 왼쪽 갈대가 하늘거리며 시야를 가리는 곳이다. 사냥 장면을 눈으로만 확인할 수밖에 없었다. 물고기를 움켜쥐고 언제 빼앗으려고 덤벼들지 모를 흰꼬리수리들을 피하려고 갈대에서 벗어나는 순간 초점이 제대로 맞지 않은 몇 컷이 담겼다. 뒷모습을 확인하니 참수리 C 검댕이 녀석이다. 제법 큰 물고기를 사냥해 이것으로 오늘 하루는 참수리의 사냥 모습을 보기 어려울 것이라 생각하니 아쉽기만 하다.

참수리가 사냥을 끝냈다 하여 곧바로 철수할 수 없다. 이번이 위장 텐트에 들어오는 마지막이 아니므로 되도록 참수리나 흰꼬리수리의 눈에 띄지 않게 기다렸다가 조용히 위장 텐트에서 나와야 한다.

그후 두어 번 더 위장 텐트에 들어갔지만, 예년과 달리 위장 텐트에서의 성공률이 떨어진다. 당시까지 내가 알지 못하던 새로운 상황이 참수리와 흰꼬리수리들에게 일어나고 있었다. 당시 나는 이곳에서 사냥해야 할 녀석들이 왜 이곳을 찾지 않는지, 왜 사냥터를 포기했는지, 혹여 내가 영향을 끼친 것이 아닌지 등등을 고민하다가 며칠 뒤 위장 텐트를 철수한다.

2년이 지난 후, 예전과 달리 강변 반대편에 위장 텐트를 설치했지만 역광이 큰 위치라

1 2

1 산 속에서 내려와 사냥하는 참수리는 마치 전투기가 하강하듯이 떨어져 내린다. 그 순간을 담아내기란 쉽지 않다. 사냥 후 지나가는 참수리를 갈대 틈 사이로 간신히 한 컷 담는다.

2 참수리 C(검댕이)의 사냥 순간을 놓친 것이 무척 아쉽다. 오늘 이곳에서의 사냥은 더 이상 없다.

자주 들어가지 않았다. 또한 산 위의 참수리들에게 드나드는 내 모습이 금방 눈에 띄는 위치라 한동안 이용하지 않다가 시즌이 끝날 무렵에 철수했다.

왕발이의 반응

만약 누가 나를 감시한다면, 감시하는 상대방이 일부러 자신을 노출하면서 나를 감시하는 것과 내가 알지 못하게 숨어서 감시하지만 간혹 들키곤 하는 감시 중에서 어느 쪽에 조금이라도 마음 편히 대응할 수 있을까?

사람의 접근에 아주 민감하게 대응하는 여느 참수리들과 달리 왕발이는 사람에게 조금은 덜 민감하다. 왕발이와 비슷하게 한강을 찾아든 참수리 B(멋쟁이)는 사람을 의식해 빙판 위에서 식사를 하다가도 내가 카메라를 들고 자신을 향하면 빙판 위 안쪽으로 들어가 버린다.

반면에 왕발이는 매우 천연덕스러운 반응을 보일 때가 많다. 비록 움직임이 작고 낮은 자세로 있지만 분명히 나를 의식하고 주시하면서도 이미 노출된 나를 무시한다. 내가 있는 곳은 분명 녀석이 피해야 할 만큼의 거리인데도 녀석은 날아가지 않는다. 가끔 다른 녀석이 위협을 느낄 거리만큼 녀석에게 가까이 다가갈 때가 있다. 아무리 조심해서 다가가더라도 아주 작은 움직임조차 알아채는 녀석이 나를 모를 리 없을 텐데 날아갈 생각을 않는다. 이럴 때를 대비해 좀처럼 사용하지 않는 삼각대를 가지고 다닌 시기가 있었다.

삼각대를 설치하고 렌즈를 조절하는 동안에도 먹이를 먹고 있는 왕발이는 날아갈 생각을 하지 않는다. 그때를 놓칠세라 나는 필요한 사진 몇 장을 얻고 조용히 뒤돌아 나온다. 그 시간이 때로는 5분이 될 수도 있고 10분이 될 수도 있다. 그래도 왕발이 녀석은 아무런 반응도 하지 않는다.

어느 날, 보통 때와는 다르게 녀석이 날아가기까지 기다리기로 마음먹고 간이 위장막을 준비한다. 간이 위장막은 천으로 되어 있어 우의처럼 펼쳐서 덮어쓰기만 하면 된다. 다시 왕발이 녀석을 만난다. 평소와 다름없이 조용히 다가가 낮게 삼각대를 펼치고 렌즈를 조절할 때까지 녀석은 아무 반응도 하지 않는다. '이번에도 나를 위협 요소로 생각하지 않는 모양이다'라고 생각하며 간이 위장막으로 들어가 몸을 숨기고 렌즈 끝만 나오게 했다.

1 참수리와 까마귀들이 모여 있는 것을 보고 먹이가 있다는 것을 안 흰꼬리수리가 날아온다.

2 참수리 왕발이가 빙판 위에서 식사를 끝냈다. 먹이를 먹을 동안에는 조금 가까운 거리를 허용하지만, 식사를 끝낸 후까지 이렇게 가까운 곳에 가만히 앉아 있으리라고는 생각하지 못했다.

가볍고, 간편하게 이용할 수 있는 간이 위장막.

그 순간 왕발이는 그 자리를 피해 다른 곳으로 날아가 버렸다. 다 먹지 않은 먹이를 움켜쥐고 말이다. 여태껏 그런 모습을 한번도 보여주지 않았기에 나 역시 당황스럽긴 마찬가지였다. 나의 등장으로 녀석이 불편했겠지만, 녀석은 나의 행동을 계속 보고 있었고 나의 다음 행동을 감시할 수 있는 상태였다. 위협에 대응할 시간도 충분하고 거리도 멀리 떨어져 있었다. 그러나 내가 위장막 안으로 몸을 숨기는 순간 녀석이 날아가 버렸다. 나의 위치는 알고 있지만 그다음에 어떤 일어날지 알 수 없는 불리한 조건이 참수리에게는 위협 요소로 작용한 것 같다.

참수리는 인간이 자신에게 어떤 위해를 가할지를 예측하고 회피하는 능력이 유난히 뛰어나다. 사람조차 만날 수 없는 러시아의 서식지와 달리, 월동지인 한강에서 참수리는 많은 사람에게 노출되어 있다. 인간에게 어느 정도 적응해 왔지만 여전히 그들의 야생성은 살아 있다. 사람을 보면 회피하고, 위협을 겪은 영역은 한동안 찾지 않는다. 우리가 가까이 다가가려고 하면 그들은 우리가 다가간 것보다 더 멀리 벗어난다. 시간이 흐를수록 참수리에 대해 모르는 것이 많다는 것을 느낀다.

눈 내리는 날의 비행

새 사진을 담기 시작하면서 초기에는 비나 눈이 오면 촬영에 나서지 않았다. 그러나 내가 좋아하는 매를 담으러 갔다가 우연히 빗방울이 알알이 떨어져 내리는 장면을 배경으로 매를 담았다. 그때부터 비가 오는 날에도 새 사진을 담으러 나간다. 한겨울 눈이 내리면 하얀 눈을 맞으며 날아가는 백색의 참수리를 담으러 한강을 찾는다.

하지만 평소에도 만나기 힘든 참수리를 눈 오는 날 만나기란 너무 어려운 일이다. 2012년 어느 날 산에 올라가 참수리를 기다린다. 하늘 먹구름이 가득 끼어 있어 금방이라도 눈이 올 것처럼 어둑어둑하다. 이내 눈이 한 방울 두 방울 내리기 시작하더니 곧 함박눈이 되어 펑펑 쏟아진다. 펑펑 내리는 눈을 맞으며 흰꼬리수리가 날아올랐다. 잠시 후 참수리도 날아오른다. 오랫동안 바라던 눈송이 날리는 날, 참수리를 드디어 만났다. 그러나 펑펑 쏟아지는 눈송이로 초점이 제대로 맞지 않았지만 마음속 카메라에는 인상적인 모습으로 남아 있다.

우리나라를 찾아오는 다른 맹금류들을 찾아 두루두루 탐조를 다닐 수도 있지만, 참수리에 매료된 나는 겨울마다 한강 팔당지구를 찾는다. 한강보다 더 좋은 배경으로 흰꼬

한강에서 눈이 펑펑 내리는 날 참수리를 담았지만 초점이 많이 흐리다.

리수리를 담을 수 있는 곳이 여러 곳 있지만, 그곳에는 참수리가 오지 않는다. 또 한강보다 더 가까이 참수리를 담을 수 있는 곳도 있지만, 내가 있는 곳과는 거리가 멀다. 내게는 참수리를 대체할 만한 매력을 가진 새가 없다. 나는 참수리의 매력에 빠져 추운 날씨에 차가운 바람을 맞으며 다시 한강으로 나선다.

4장

사냥

한강에서 월동하는 새
한강의 물고기와 사냥 성공률
정찰비행
조용한 사냥꾼, 참수리
물고기 추격전
분노의 비행
사냥의 시작과 성공
하루에 필요한 먹이
최상위 포식자, 왕발이
먹이에 대한 의심
고니와 고라니의 죽음
흰꼬리수리와 고라니 가족

한강에서 월동하는 새

논병아리, 물닭, 청둥오리, 흰뺨검둥오리, 원앙부터 쇠오리, 흰뺨오리, 흰죽지, 댕기흰죽지, 비오리, 흰비오리 등 다양한 조류들이 한강에서 겨울을 난다. 덩치 큰 큰고니, 기러기 등에서부터 논병아리처럼 조그마한 녀석들까지 있다.

이 중에서 참수리나 흰꼬리수리가 사냥하는 대상은 비오리나 흰뺨검둥오리와 같은 중형급 조류에서부터 논병아리 같은 중소형 조류까지이다. 보다 덩치 큰 기러기들 역시 사냥 대상에 포함된다. 서식지에서는 큰고니와 같은 덩치 큰 조류도 사냥하지만, 이런 큰 조류를 사냥할 때는 참수리나 흰꼬리수리가 다칠 확률이 높아 한강에서는 보다 쉬운 사냥감을 찾는 경향이 있다.

2011년 강릉에 온 흰꼬리수리들은 경포호에서 휴식을 취하는 수많은 갈매기를 상대로 사냥을 시도했다. 갈매기는 위협을 느끼면 떼로 몰려들어 맹금류를 공격하기도 하는데 흰꼬리수리가 치명적 상처를 입을 수 있는 상황에서도 사냥을 시도했다는 것은 굶주렸다거나 서식지에서의 습성을 그대로 드러낸 것으로 볼 수 있다.

한강에서 참수리나 흰꼬리수리가 큰고니를 상대로 직접 사냥을 시도하는 장면은 본 적이 없다. 참수리와 큰고니는 크기가 비슷해서 그런지 서로에 대한 경계가 훨씬 덜하다. 참수리가 사냥을 위해 날아올라도 근처의 큰고니들은 유유히 먹이 활동을 계속한다. 간혹 새끼 큰고니들이 당황한 기색을 보이긴 하나 아무런 동요도 않는 어미 큰고니

1 2011년 1월 눈이 펑펑 내리는 날. 강릉 경포호에서 담은 참수리 어린 새.

2 참수리 어린 새가 날아오르자 경포호에서 휴식을 취하던 갈매기 떼들이 일제히 날아올라 흰 눈과 하얀 갈매기가 멋진 풍경을 이룬다.

를 보면서 금방 안정을 취하는 모습을 자주 보았다. 이러한 상황으로 판단하건대 한강에서는 아직도 포식자와 피식자의 관계가 성립되지 않은 듯하다. 다만 참수리가 아주 가까운 거리에서 지나쳐갈 경우, 큰고니 무리는 경계의 눈초리로 참수리의 움직임을 유심히 지켜보며 먹이 활동을 한다.

참수리나 흰꼬리수리가 수면 위를 낮게 날거나 하늘 높이 선회하면, 한강은 오리나 기러기들이 물 위를 박차고 퍼득거리는 날갯소리와 경보음으로 떠들썩해진다. 한강 팔당지구에서 우점종을 차지하는 흰뺨오리들이 떼를 지어 날아오르는 장면은 녀석들에겐 삶과 죽음을 가르는 중요한 날갯짓이지만, 보는 사람에겐 역동하는 한강의 모습을 잘 보여주는 장면으로 비칠 것이다.

시간이 지나면서 수리들이 낮게 날거나 점차 고도를 높이는 비행을 시도해도 물 위에선 큰 소동 없이 조용한 장면이 펼쳐진다. 참수리가 오리들에게 적응해가는 것처럼, 오리들 역시 수리들이 사냥을 할지 아니면 그냥 지나치는 것인지를 마치 알고 있는 듯하다.

하지만 한강의 조류들이 최상위 포식자의 위험에만 노출된 것은 아니다. 덕소 앞 폭

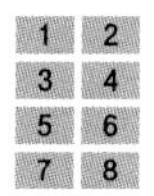

1 기러기들이 한강에 돌아오면 그 덩치와 수만큼이나 한강이 소란스러워진다.

2 한강에서 쉽게 큰고니들을 만날 수 있다. 곳곳에 흩어져 있는 바위는 큰고니들의 잠자리로 그만이다. 먹잇감도 풍부해 한강과 경안천을 오가며 한겨울을 난다.

3 흰꼬리수리가 가까이 있어 큰고니들이 잠깐 긴장했지만 이내 갈 길을 간다. 서로 덩치가 비슷하기 때문에 민감하게 반응하지 않는다.

4 참수리 앞을 지나가야 하는 큰고니 가족은 참수리와 흰꼬리수리를 잠깐 지켜보다가 그들 앞을 지나간다.

5 자연의 세계에선 작은 상처도 곧 죽음에 이를 수 있어 굳이 위험을 감수하지 않고 안전한 먹잇감을 찾는가 보다.

6 큰고니 가족 앞으로 흰꼬리수리 한 마리가 내려앉는다. 큰고니는 경계하지만 굳이 도망가야 할 이유가 없는지 이내 경계를 풀고 먹이 활동을 시작한다.

7 참수리의 등장에 화들짝 놀란 기러기 떼가 날아오른다.

8 흰꼬리수리의 등장에도 오리들이 조용하다. 수리가 사냥할지 그냥 지나갈 것인지를 아는 것 같다.

1.2킬로미터의 한강이 꽁꽁 얼었다. 영하 10도 이하의 날이 며칠 동안 계속된 탓이다. 가느다란 물길이라도 있어야 하는데, 온통 얼음으로 뒤덮일 때는 참수리를 만나기가 어려워진다. 물길마저 얼어 잠수성 오리나 수면성 오리인 흰뺨오리, 흰죽지, 논병아리, 물닭, 원앙, 비오리, 기러기가 물길을 찾아 훨씬 더 하류로 내려간다.

수면성 오리는 물속에 머리를 박고 꽁지는 물 밖으로 내민 채 수초나 물에 떠 있는 플랑크톤을 먹는다. 수면성 오리는 다리가 몸통 중간에 있어 금방 날아오를 수 있다. 수리와 같은 맹금류가 하늘에 떠오르면 오리는 요란한 소리와 함께 하늘로 날아올랐다가 근처의 다른 장소로 내려앉는다.

그에 비해 잠수성 오리인 비오리, 흰비오리, 논병아리 등은 먹이를 찾아 물에 잠수하기 쉽게 몸이 유선형으로 생겼고, 다리도 몸통 뒷부분에 붙어 있다. 이들이 날아오를 때는 오래 도움닫기를 해야 날 수가 있다. 잠수성 오리도 수리와 같은 맹금류가 나타날 때는 물 위를 도움닫기하며 내달려 하늘로 올라가거나 물속으로 들어가 숨는다. 각 조류는 자신들이 최대한 잘할 수 방식으로 위기에서 벗어나고자 한다. 덩치가 작은 녀석들은 민첩성에서 수리보다 앞서기 때문에 수리들이 자신들을 잡기 힘들다는 것을 아는 듯이 행동한다.

한강을 찾은 잠수성 오리인 논병아리.

참수리의 위치를 확인하러 간 곳에 이르러 논병아리 한 마리가 보이자 걸음을 멈춘다. 빙판이 매끄럽지가 않다. 상류에서 작은 얼음 덩어리들이 흘러내려 오다 이곳에 모여 다시 언 탓에 온통 울퉁불퉁하다. 논병아리는 그 험난한 빙판을 뒤뚱거리며 앞으로 나아간다.

날아가면 더 편할 텐데, 힘겹게 걷다가 바닥에 가만히

엎드려 있는 모습이 병들었거나 다친 듯하다. 야생의 세계에서는 질병과 부상은 죽음과 연결되는 치명적 약점이다. 녀석은 죽음과 투쟁을 벌이고 있다. 여느 때라면 참수리들이 사냥감을 물색하는 곳과 가까워 금방 표적이 되었을 텐데, 지금 근처에는 참수리도 흰꼬리수리도 보이지 않는다.

논병아리는 조금 가다가 쉬고 다시 죽은 듯이 엎드려 있기를 반복한다. 어느새 나는 녀석의 편이 되었다. 이때만큼은 참수리도 흰꼬리수리도 나타나지 않기를 바란다. 녀석이 무사히 물길을 찾아 조금이라도 편안함을 느끼는 곳으로 돌아가길 응원한다. 끝없이 펼쳐진 빙판을 언제 다 지나 물길을 찾아갈까 하는 걱정이 가득하다. 힘든 사투 끝에 녀석은 얼음 사이로 퐁퐁 흐르는 작은 물웅덩이를 찾았다. 물에 들어간다고 힘겨움이 쉽게 사그라들지는 않겠지만 그래도 편안함을 느낄 수 있기를 바랄 뿐이다. 그러나 병든 논병아리가 맹금류의 눈에 띄지 않고 얼마나 삶을 이어갈지는 알 수 없다.

병과 추위와의 싸움에서 시달리고, 먹이를 제대로 먹지 못한 약한 녀석들은 결국 한겨울을 넘기지 못한다. 수리라고 다를 것 없지만, 나는 아직 한강에서 먹이 부족으로 탈진한 수리를 본 적이 없다.

비록 참수리와 흰꼬리수리가 한강 생태계의 최상위 포식자일지라도 이 녀석들만이 존재하는 한강은 상상도 할 수 없다. 이들과 다양한 새들이 함께 어우러져 균형을 이룰 때 한강의 생태계가 건강하게 유지된다. 우리가 알지 못하지만 그들 사이에서는 서로가 공존하는 또 다른 세계가 있을 것이다. 우리가 할 일은 무엇일까? 이렇게 균형 잡힌 생태계를 유지하고 보호하여 후손들에게 길이길이 물려주는 것이 우리의 임무가 아닐까?

한강의 물고기와 사냥 성공률

한강에는 다양한 종류의 물고기가 산다. 2008년 한강물환경연구소의 수계별 환경 생태조사 결과를 보면 몰개, 누치, 가시납지리 등의 어류가 주종을 이루었다. 이 가운데 참수리나 흰꼬리수리의 먹이가 되는 물고기로는 누치(몸길이는 보통 20~30센티미터, 60센티미터 이상 자라기도 한다), 강준치(평균 40~50센티미터), 쏘가리(20~40센티미터, 60센티미터 이상 자라기도 한다), 잉어(50센티미터 이상), 떡붕어(50센티미터 안팎까지 자란다), 배스(30~60센티미터) 등이다. 특히 배스는 쏘가리 정도가 경쟁 상대일 뿐인 한강의 물속에선 최상위 포식자로 그 수가 엄청 많을 것으로 생각한다.

2011년 시즌에는 매일매일의 상황을 기록했다. 이 기록을 보면, 참수리가 물고기를 사냥할 때에는 약 3~5회에 걸쳐 정찰비행을 하다가 한 번 정도 사냥을 시도한다. 그리고 사냥 자세로 수면 위 4~10미터에서 호버링으로 수직 강하하면 약 80퍼센트 이상의 높은 성공률을 보이니, 평균 네 차례의 정찰비행 후 사냥에 성공하는 성공률은 20퍼센트 정도라고 할 수 있다. 사자의 경우 사냥 성공률이 약 10퍼센트 정도라고 하니 이와 비교하면 꽤 높은 편이다.

그러나 오리를 사냥할 경우에는 그보다 훨씬 떨어진다. 물고기와 오리류의 사냥 비율은 약 3:1~4:1 정도이고, 오리류의 사냥 성공률은 약 6~8퍼센트 정도이다. 서식지에서의 사냥 대상도 물고기가 약 80퍼센트, 그리고 조류가 20퍼센트 정도라고 하니 월동지와 큰 차이가 없다.

무리 짓는 수면성 오리는 수리가 정찰비행을 하면 경계음을 내며 바로 비행을 시작한다. 수리가 이 녀석들을 잡으려면 에너지가 많이 소모되니 이를 피하는 것 같다. 또한 잠수성 오리도 수리가 낮게 물 위를 스쳐 지나거나 호버링을 하면 재빨리 물속으로 들어가 먼 거리를 이동하니 이 또한 수리로서는 에너지가 많이 소모될뿐더러 성공 횟수도 떨어지는 것으로 보인다. 그래서 참수리는 오리보다 사냥 성공률이 높은 물고기를 선택하는 경우가 많다.

이에 비해 흰꼬리수리의 경우에는 주로 어린 새들의 사냥 장면을 많이 접하지만 참수리보다 성공률이 훨씬 낮다. 약 4~5회의 정찰비행을 하다가 사냥을 시도했으며 성공률이 60퍼센트 정도로 평균 12~15퍼센트 사냥 성공률을 보였다. 또한 오리류를 사냥하긴 하지만 성공률이 더욱 떨어져 의미 있는 자료를 구하지 못했다.

그러나 이 기록은 겨우 몇몇 개체를 나 혼자 조사했고, 지역 또한 한정되어 오차 범위가 크다는 한계가 있다.

그 이후의 시즌에는 관찰 도중 참수리와 흰꼬리수리들의 사냥 방법과 시간, 그리고 횟수가 급격히 바뀌어 더는 기록하지 않았다. 당시에는 이러한 변화가 왜 일어났는지 그 이유를 자세히 알지 못했지만 2013년 시즌 막바지에 이르러 그 원인을 찾게 되었다.

2011년과 2012년 시즌 중에 참수리와 흰꼬리수리가 가장 많이 사냥한 물고기는 누치였다. 그러나 2015년 시즌에 관찰할 때는 수리가 한강에서 사냥하는 물고기 종류가 2011년 시즌보다 다양하지 못하고 크기가 작아졌으며 사냥 성공률도 더 낮았다. 또한 이 시즌 중에 수리가 가장 많이 사냥한 어류는 외래종인 배스였다.

이러한 상황 변화의 요인 가운데 하나는 한강에서 민물가마우지 개체 수가 급격히 증가해 물속 환경에 영향을 미친 것으로 보인다. 2011년 시즌과 비교해 물고기의 수, 개체와 크기가 줄어들었고, 수리가 사냥을 시도하는 횟수는 많아졌지만 이에 비해 성공률은 낮아진 것으로 생각한다.

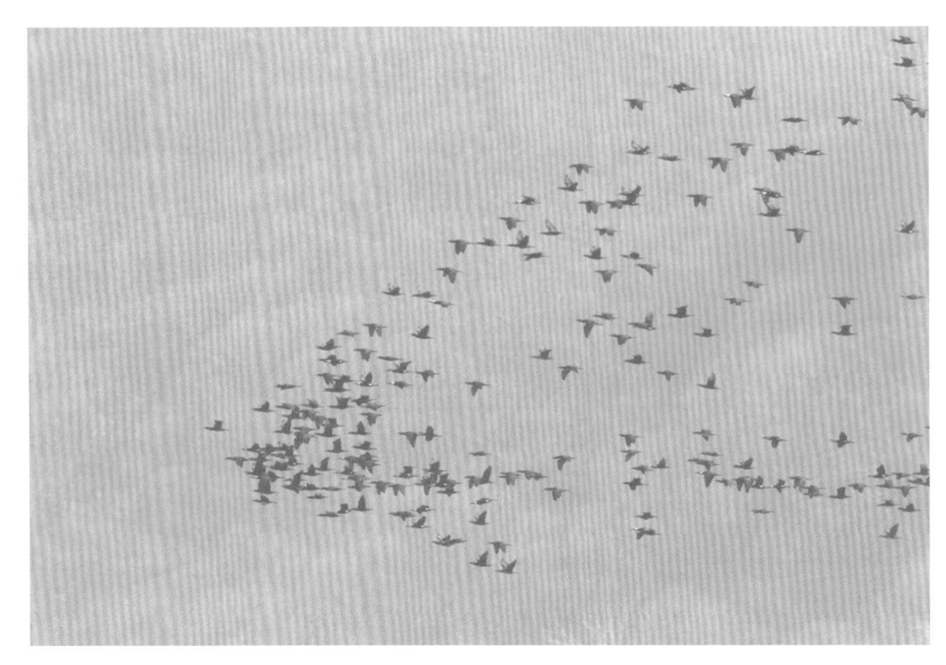

한강에서의 민물가마우지 개체 수가 급격히 증가했다.

정찰비행

꽁꽁 얼어붙은 빙판에 참수리가 앉아 있다. 추운 날씨와 빙판 위를 좋아하는 참수리다운 모습이다. 여느 수리와 달리 참수리는 동북아시아의 추운 지방에서 주로 살고, 흰색 깃털이 몸을 덮고 있는 이유가 빙하의 움직임에 따라 이동하다 보니 그에 맞게 진화한 것이라고 한다. 일본 홋카이도 라우스 지방의 얼음이 떠다니는 바다 위에서 월동하는 참수리들은 그러한 특성을 고스란히 보여준다.

참수리는 얼음 끝자락에 앉아 얼지 않고 흐르는 한강 물을 바라보며 적당한 먹이를 찾는다. 주변을 지나는 덩치 큰 큰고니들, 물속의 먹이를 찾아 잠수하는 각종 오리, 그리고 수면 위로 잠시 올라와 몸을 덥히는 물고기를 지켜보며 기회가 올 때까지 한자리에 고정한 채 머리와 눈만 바삐 움직이며 앉아 있다. 이렇게 앉아 있는 참수리가 그 자리를 떠나는 것은 참수리가 허용한 거리보다 사람이 더 가까이 다가가거나 까마귀나 까치들이 얼른 사냥하라고 재촉하며 괴롭힐 때, 그리고 사냥의 순간을 포착할 때뿐이다.

참수리 A(왕발이)가 있는 곳을 발견하고 다가갔을 때는 이미 식사가 끝난 후이다. 먹이를 먹고 난 후 그 자리에서 휴식을 취하려는 순간, 참수리 주변에서 흩어진 부스러기를 주워 먹던 까마귀는 아직 배가 부르지 않는지 참수리를 괴롭히기 시작한다. 참수리의 눈치를 요리조리 살피며 뒤로 다가가 참수리 꽁지를 부리로 물어뜯는 행동을 계속한다.

까마귀가 끈질기게 괴롭히자 참수리는 육중한 몸을 날려 조용한 곳으로 이동하려 한다. 그러나 큰 덩치로 미끄러운 빙판 위에서 도움닫기를 하기란 쉽지 않다. 날개를 퍼덕이며 뛰어오르고 다시 발톱을 내려 뛰어오르기를 몇 번 하고 나서야 공중에 몸을 띄운다.

자신이 좋아하는 지역이라 멀리 가지 않고 약 500미터 이동한다. 까마귀들의 괴롭힘이 싫어 가까운 거리로 이동해 날아가는 모습을 처음으로 본다. 착륙해야 할 지점이 다가오자 고도를 약간 높이며 발톱을 세운다. 그리고 꼬리깃으로 몸을 세우고 큰 날개로 속력을 줄여나간다. 빙판 위에 착륙하지만 속도 때문에 몇 발짝 더 앞으로 미끄러지고 나서야 제대로 멈춰 선다.

약삭빠른 까마귀들이 참수리를 따라와서 곁에 내려앉는다. 이미 한 차례 자리를 옮긴 참수리는 다시 날아오르는 것이 귀찮다는 듯이 빙판 위를 성큼성큼 걸어 까마귀들과의 거리를 한참이나 벌려 놓고서야 편안하게 휴식을 취한다. 이렇듯 빙판 위를 걸어서 자리를 옮기는 모습을 보기란 쉽지 않은데, 큰 덩치로 뒤뚱거리며 걸어가는 참수리의 모습에 웃음이 나온다.

부스러기라도 얻어먹으려고 참수리에게 사냥을 재촉하는 까마귀들.
참수리가 귀찮은 듯 날아가지만 멀리 가지는 않는다.

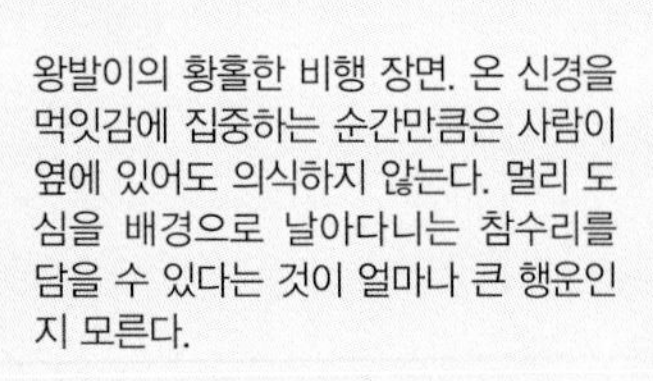

왕발이의 황홀한 비행 장면. 온 신경을 먹잇감에 집중하는 순간만큼은 사람이 옆에 있어도 의식하지 않는다. 멀리 도심을 배경으로 날아다니는 참수리를 담을 수 있다는 것이 얼마나 큰 행운인지 모른다.

오랫동안 사냥감을 찾지 못해 다른 곳으로 이동할지 아니면 정찰비행을 할지 구별하기는 쉽지 않다. 바윗돌 위에 앉아 날지 않던 참수리가 날개를 활짝 펴고 날아올랐다. 어디로 가나? 사냥을 할까? 멀리서 지켜보던 나는 녀석이 무엇을 할지 생각한다. 차디찬 한강의 바람을 맞으며 몇 시간째 기다리는 이유는 이 한 장면을 보기 위해서이다.

강 한가운데 아주 먼 거리에서 참수리가 사냥하는 장면을 보는 경우가 대부분이다. 하지만 가끔 이렇듯 가까이 날아앉는 날도 있다. 참수리가 사냥을 시도하면서 물속이나 물 위의 먹잇감에 온 신경을 집중할 때이다.

길지 않은 시간, 사냥하려고 비행할 때가 참수리에게 가까이 접근할 기회이다. 왕발이는 비행할 때 언제나 한 발을 완전히 가슴에 붙이지 않아 금방 표시가 나지만 사냥감을 낚아채려고 발을 내리고 있을 때는 여느 참수리와 똑같다. 오히려 그 위용과 깨끗한 날개깃은 참수리 B(멋쟁이)를 능가한다.

참수리의 정찰과 사냥하는 모습을 담으려고 쉴 곳도 없고 바람을 피할 곳도 없는 한강에서 차가운 강바람을 맞으며 기다린다. 언제 어디에서 사냥할지 알 수 없어 위장하지 않고 운동하는 사람처럼 산책로를 따라 걷는다. 한강의 하늘을 나는 참수리의 하얀 어깨깃이 유난히도 하얗게 보인다. 멀리 하남 아파트 단지를 배경으로 한강을 한 바퀴 선회하고 다시 선회한다. 마치 숨이 멎을 것 같은 아름다운 비행이다.

어느 날, 다시 한강 산책로를 따라 참수리와 흰꼬리수리의 비행을 기다리며 걷는다. 강 한가운데 앉아 있던 흰꼬리수리 한 마리가 날아오른다. 아직은 거리가 너무 멀어 그냥 무심히 쳐다보고 있으니 강아지 두 마리와 산책 나온 할아버지가 묻는다.

"뭘 찍습니까?"

가만히 하늘을 가리키며 "흰꼬리수리라고, 수리를 담습니다"라고 말한다.

그러자 할아버지가 정색하며 묻는다.

"한강에 독수리가 있습니까?"

"독수리는 아니고 흰꼬리수리라는 새인데, 독수리는 사냥하지 않지만 흰꼬리수리는 사냥을 합니다."

그러자 할아버지는 걱정스러운 표정으로 다시 묻는다.

"우리 집은 여기에서 가까운데, 마당에 강아지 두 마리를 풀어놓고 키워요. 수리가 동물도 잡습니까?"

"흰꼬리수리는 주로 물고기와 새만 사냥합니다."

할아버지는 그제야 안도하며 자리를 떠난다.

한강에서 참수리와 흰꼬리수리가 새와 물고기를 사냥하는 것은 보았지만 동물을 사냥하는 것은 보지 못했다. 하지만 고니나 차에 치여 강변에 옮겨 둔 고라니 사체를 먹은 것이 떠올라 동물도 사냥하지 않을까 하는 생각이 든다.

참수리에 관한 기록이 많은 러시아에서는 물개를 사냥한 기록도 있다. 또한 아메리카 대륙의 흰머리수리 역시 자기 몸무게에 버금가는 6.8킬로그램가량의 포유류를 움켜잡고 날았다는 기록이 있다. 참수리나 흰머리수리 모두 주 먹이가 물고기와 조류이지만 예외 상황에서는 포유류도 가끔 사냥한다는 결론을 얻을 수 있다. 참수리보다 덩치가 작은 초원의 검독수리도 여우와 늑대 사냥을 하는데 참수리라고 동물을 사냥하지 못할 이유가 없다. 다만 우리나라에서 포유류를 사냥하는 모습을 아직 나는 보지 못했고, 다른 사람들의 사진에도 그런 장면을 확인하지 못했다.

참수리가 오리를 사냥할 때는 앉은 자리에서 날아올라 바로 오리에게 접근하지 않고 멀리 날아간다. 마치 다른 곳으로 이동하는 양 오리를 안심시키려는 몸짓이다. 그러다

몇 시간째 나무 위에서 자리를 지키던 참수리 A(왕발이)가 날아오른다. 나무 위에 앉은 참수리에게서 잠시 한눈을 팔면 어느새 자리를 옮겨 보이지 않는다.

가 고도를 15미터 정도로 높이고 왔던 방향으로 크게 돌면서 오리들에게 접근해 사냥을 시도한다. 참수리의 움직임에 오리 무리는 엄청난 혼란에 빠지고 미처 날아오르지 못한 녀석은 물속으로 숨는다. 참수리는 수면 위에서 큰 날갯짓을 하며 오리가 나오기를 기다린다.

때로는 한강이 내려다보이는 산속 나무 위에서 몇 시간 동안 자리를 지키며 사냥감을 물색하기도 한다. 오후 내내 숲 속 나무 그늘에 앉아 있던 참수리 A(왕발이)가 저녁 시간이 되자 잠자리를 찾아 날아오른다. 사냥감을 노리면서 오후 내내 나뭇가지에 앉아 있었는지, 또는 다른 곳에서 먹이를 먹고 난 후 소화하기 위해서인지 한동안 움직이지 않다가 날아올랐다. 다른 장소로 이동을 하든, 먹이를 찾기 위해 정찰 활동을 하든 참수리가 움직여야 녀석의 모습을 더 잘 담을 수 있을 텐데……. 오랜 시간 앉아 있는 모습을 지켜보다가도, 잠시 한눈을 팔면 어느새 자리를 옮겨 보이지 않을 때가 많다.

참수리의 힘찬 날갯짓은 한강 생태계가 건강하여 다양한 동식물이 서식하고 있음을 의미한다. 참수리가 이곳에서 산다는 것은 생태계의 먹이사슬이 건전하게 유지된다는 증거이기도 하다. 생태계의 균형이 무너졌을 때 가장 먼저 피해를 보는 것도 최상위층의 동물이다. 환경에 민감한 녀석이 도심의 강 한가운데 살고 있다. 도심 건물들을 배경으로 참수리의 힘찬 날갯짓이 앞으로도 영원히 한강에서 이어지기를 희망한다.

조용한 사냥꾼, 참수리

참수리 한 마리가 사냥하려고 정찰비행을 하면서 물고기의 움직임을 살핀다. 도심 아파트 단지를 배경으로 흰색과 검은색의 대조가 선명한 참수리가 하늘을 선회하는 모습을 보면 가슴이 두근거린다. 목표물을 찾은 듯 시선을 수면에 고정한 참수리가 점점 하강한다. 사냥의 시간이 다가왔다.

물방울이 온 사방으로 튀어오르는 역동성을 한껏 발휘하는 물수리의 사냥과 같은 긴박감은 없다. 대신 흰꼬리수리와 참수리가 비행을 시작하면 물 위의 오리 떼와 기러기 떼가 날개를 퍼덕이며 일제히 하늘로 날아오르는 멋진 모습이 펼쳐진다.

참수리나 흰꼬리수리는 큰 날개를 퍼덕이며 물속의 움직임을 주시하면서 발을 내려

도심 아파트 단지를 배경으로 흰색과 검은색의 대조가 선명한 참수리가 나는 모습에 가슴이 두근거리기 시작한다.

1 2

1 흰꼬리수리가 날면 주변의 오리 떼는 흰꼬리수리가 사냥할지 그냥 지나칠지 귀신같이 알아챈다.

2 먼 거리에서 참수리가 사냥을 시작한다. 이곳은 왕발이의 사냥터이기도 하다. 왕발이는 다른 녀석들보다 몸집이 커서 사냥의 정확성이 떨어진다.

뜨린다. 그리고 오므린 발톱을 마치 비행기가 착륙할 때처럼 쫙 펴고 물속에 쑥 집어넣었다가 은근하게 들어 올린다. 물방울을 튀기며 몸부림치는 물고기가 어느새 발톱에 걸려 올라온다. 물고기에게 도망칠 기회도 주지 않는 참수리와 흰꼬리수리는 조용한 사냥꾼이다.

그러나 잠수성 오리를 사냥하면 사냥감과의 대결이 더욱 힘겹다. 대부분의 오리는 물을 박차고 허둥지둥 하늘로 날아 도망가지만 개중에 기회를 놓친 녀석이나 물속에서의

움직임에 자신 있는 녀석들은 물속으로 숨는다. 참수리나 흰꼬리수리는 사냥감이 나올 곳을 예상해 물 위에서 낮게 날갯짓하며 기다리다가 녀석이 물 밖으로 나오는 순간 하강하지만 오리는 다시 물속으로 도망친 후다. 마치 '나는 것이 힘들지? 어디, 날 잡아봐' 하고 놀리듯 물속을 나왔다 들어갔다 하니 사냥이 쉽지 않다. 하지만 참수리나 흰꼬리수리는 쉽게 포기하지 않는다. 오리가 계속 물속을 드나들다가 지치는 순간을 기다린다. 누가 더 오랫동안 참고 기다릴 수 있는지, 지구력 싸움에서 생사가 결정된다.

물고기 추격전

예봉산 아래로 예전에 중앙선 열차가 다니던 철로가 자전거 길로 바뀌어 산책하는 사람과 자전거 타는 사람으로 북적인다. 더 이상 참수리나 흰꼬리수리는 이곳을 정찰지로 사용하지 않는다. 도로에서 올려다보면 흰꼬리수리가 한강을 내려다보며 주변을 두리번거리는 모습을 자주 볼 수 있었는데 안타깝게도 지금은 사람들과의 거리가 가까워 녀석은 이제 이곳을 이용하지 않는다.

예봉산 자락에 참수리 정찰지가 있을 때였다. 흰꼬리수리 성조 한 마리가 한강을 거슬러 올라와 예봉산 정찰지 소나무 끝 가지에 앉는다. 곧 사냥을 시작하려는 것 같아 두근거리는 마음으로 차 안에서 기다린다. 녀석이 사냥을 시도하는 마지막 순간에 나가야만 사냥 장면을 담을 수 있음을 알기에 1시간여를 차 안에서 기다린다. 차창을 닫으면 밖의 상황을 넓게 관찰할 수 없어 창문을 열고 기다린다. 찬바람은 사정없이 차 안으로 들어오고 바깥의 차가운 기운이 그대로 전달되지만 한순간 기회를 놓치면 다시 보기 힘들어 추운 차 안에서 마냥 기다린다.

드디어 흰꼬리수리가 사냥을 준비하려는지 원을 그리며 선회하기 시작한다. 어디로 하강할지 알 수 없다. 하지만 녀석이 내 머리 위에서 선회하고 있어 강변 둑 도로 밑 내 시야 아래로 내려가는 순간 차에서 나갈 준비를 하고 기다린다. 드디어 녀석이 목표물을 찾았나 보다. 강물로 하강한다. 그 순간 나는 차 문을 열고 녀석이 내려다보이는 곳으로 다가선다. 흰꼬리수리는 이미 사냥에 성공했다. 발은 물속에 잠겨 있고 발톱으로 움켜쥔 물고기를 물 밖으로 채어 올리지만, 물고기 무게 탓에 한번에 날아오르지 못하고 수면 위를 스치듯 물고기를 끌고 가자 물방울이 튄다.

간신히 하늘로 날아오른 녀석은 가쁜 숨을 내쉬듯 입을 벌리고 허겁지겁 반대편 산을 향해 날아간다. 그러자 기다렸다는 듯이 산자락 곳곳에 숨어 있던 흰꼬리수리들이 사냥한 녀석을 따라간다. 하지만 이미 거리가 상당히 벌어져 녀석은 무사히 산속으로 들어간다.

그 모습을 보고 난 뒤 나는 다시 그 자리를 찾는다. 그때까지만 해도 사람들은 예봉산 정찰지 앞에서 심심찮게 참수리가 사냥하는 모습을 볼 수 있었다. 흰꼬리수리 사냥 장면을 담은 지 이틀 후, 다시 찾은 정찰지 앞에 카메라를 들고 사진을 찍는 사람들이 여럿 있다.

"여기서 어제 참수리가 오리 사냥하는 걸 본 사람이 있다는군요."

"며칠 전에도 여기서 사냥을 했다는데요."

그들의 이야기를 옆에서 가만히 듣는다. '나는 이야기한 적 없으니, 다른 누군가가 여기에서 사냥하는 것을 보았구나' 하고 짐작할 뿐이다. 나 역시 며칠 전 참수리가 사냥하는 장면을 보았다. 다만 먼 거리에서 사냥하는 뒷모습을 담았기에 필요 없는 사진이라

1	2
3	4

1 예봉산 정찰지에 앉아 있던 흰꼬리수리 성조가 사냥하려고 소나무에서 떠났다.

2 물고기를 사냥했다. 물고기를 잡은 후 날개를 퍼덕이는 모습이 역동적이다.

3 2011년까지만 해도 사냥하는 물고기의 크기도 크고 종류도 다양했다.

4 사냥이 끝나면 대부분 녀석들은 산으로 물고기를 가지고 간다. 사냥 후에는 고양이과 동물이 가쁜 숨을 내쉬는 것처럼 수리도 입을 벌리고 날아간다. 마치 가쁜 호흡을 가다듬는 것 같다.

생각해 지워버렸다.

참수리가 사냥했다는 소식 탓인지 며칠 내내 사람들이 그곳을 찾는다. 그 후 유난히 바람이 세차고 기온이 차가운 날, 정찰지 앞에는 아무도 없다. 나 또한 오늘처럼 세찬

바람이 부는 날에는 참수리가 사냥하더라도 내가 있는 쪽으로 날아오지 않을 것 같아 서둘러 철수 채비를 한다. 그때였다. 예봉산에서 보이지 않는 정찰지에 있던 참수리가 나와 공중을 선회하는가 싶더니 수면으로 수직 낙하하듯 빠른 속도로 내려온다. 마치 미사일이 떨어지는 듯한 속력으로 수면 위 5~7미터 높이까지 내려와 제자리에서 잠시 날개를 퍼덕이다가 수면에 발을 내려 담그자 어느새 물고기 한 마리가 발톱에 채어 올라온다. 어느새 그 순간을 기다렸다는 듯이 흰꼬리수리 한 마리가 먹이를 빼앗으려고 참수리에게 달려든다. 북서풍을 등지고 날아오더니 눈 깜짝할 사이에 사냥한 참수리에게로 다가간다.

참수리도 바람을 등지고 날면 빠른 속도로 날아가겠지만 먹이를 달고 있지 않은 흰꼬리수리의 속도가 더 빠르다. 흰꼬리수리에게 금방 따라잡힐 듯하자 공중에서 방향을 급격히 바꾸어 선회하며 흰꼬리수리의 추격을 한번 뿌리친다. 참수리는 바람을 등지고 날아가면 다시 따라잡힐 것을 아는지 방향을 돌려 맞바람을 맞으며 도망치려 한다. 참수리와 흰꼬리수리의 비행 평균 속도는 약 60킬로미터 내외라고 한다. 그때 참수리가 물고기를 움켜잡고 날아가는 속도는 약 45킬로미터였다. 그러니 따라가는 흰꼬리수리가 절대로 유리한 상황이다.

두 녀석 모두 맞바람을 맞으며 한강의 흐름을 따라 날며 다시 추격을 벌인다. 하지만 날아가는 속도도 느리고, 맞바람에 힘이 드는지 점점 내가 서 있는 곳으로 방향을 틀기 시작한다. 날아오는 속도는 점점 빨라지고 녀석들의 모습이 역광에서 순광으로 바뀐다. 점점 내 쪽으로 날아와 어느새 내 머리 위를 지나 예봉산 쪽으로 날아간다. 물고기 한 마리를 꽉 움켜쥐고 절대로 빼앗길 수 없다는 자세로 참수리가 날아간다.

겨울 한강의 북서풍은 만만한 바람이 아니다. 오늘따라 바람이 더욱 거세게 불어 서

2011년 바람이 거세게 부는 날, 참수리 D(사냥꾼)가 사냥에 성공하여 역풍을 맞으며 날아간다. 뒤쫓는 흰꼬리수리를 피하려고 방향을 바꿔 내게로 향한다. 이렇게 녀석들의 경쟁으로 멋진 장면을 건지기도 한다.

있기도 힘들 정도이다. 이런 날 참수리가 사냥을 할까, 의심이 드는 것은 당연하다. 하지만 오늘의 바람은 나에게는 행운의 바람이다. 기온이 낮아 몹시 춥고 세찬 바람에도 혹시나 하는 마음으로 지켜본 이곳에서 드디어 물수리처럼 물고기를 움켜쥐고 날아가는 참수리를 제대로 만났다. 아주 짧은 시간 동안 나에게 모습을 제대로 보여준 참수리가 점점 멀어져 간다.

그 후로 나는 또 이런 장면을 만날 수 있지 않을까 하는 마음으로 매일 아침 그곳에서 기다린다. 시동을 끄고 나면 금방 차 안의 온도가 떨어지고 서서히 추위에 노출되기 시작한다. 그렇게 하루를 마칠 때까지 기다린다. '왜! 이렇게 추위에 떨면서까지 기다리는가? 무엇 때문에?' 하는 물음을 수없이 떠올리지만 달리 설명할 길이 없다. '참수리가 여기에 있고 참수리를 담고 싶은 마음, 그리고 녀석을 더 알고 싶을 뿐'이라는 대답밖에는 할 수가 없다.

분노의 비행

방학이지만 아침부터 오후까지 온종일 연수가 있는 날이다. 언제나처럼 아내의 출근을 위해 길을 달린다. 집에서 아내의 근무지까지 25킬로미터 정도인데 곧장 가는 버스가 없다. 이렇게 아내의 시간에 맞춰 생활한 지 어느새 8년이 되었다. 아내의 직장이 팔당에서 멀지 않은 곳에 있다는 것이 그나마 행운이다. 방학 기간 내내 아내의 출근 후, 그리고 퇴근 전까지 내가 누릴 수 있는 시간이 늘어나기 때문이다.

평소 출근 때와 달리 방학 중 연수가 있는 날에는 느긋한 마음으로 하루를 시작한다. 아내를 내려주고 나서도 한 시간여가 남았다. 언제나처럼 한강 어디엔가 있을 참수리를 찾아 나선다. 한강에 오면 가장 먼저 참수리들의 위치를 찾는다. 그러고 나서 녀석들이 있는 위치에 따라, 기온과 얼음 상태나 먹이의 위치에 따라 어떻게 행동할지 가늠한다.

그러나 오늘처럼 시간이 넉넉하지 않을 때에는 무작위로 한곳을 정해야 한다. 어디로 가야 할지 고민할 필요도 없다. 한강에 접근하기 쉬운 곳이 가장 좋은 곳이기 때문이다. 팔당댐 상류에서부터 찬찬히 훑으며 내려온다. 그리고 마음에 드는 장소가 있으면 차를 세우고 기다린다. 꼭 참수리를 봐야 한다는 마음도 없다. 녀석이 오면 좋고, 유유히 흘러가는 한강의 강물을 바라만 봐도 좋으니 말이다.

한참을 기다려도 참수리나 흰꼬리수리의 움직임이 보이지 않는다. 때로는 온종일 한 장소에서 기다리기도 하지만 얼핏 지나가는 모습만으로도 만족할 때가 많아 오늘처럼 한 시간도 채 되지 않는 기다림은 아예 기대도 하지 않기에 실망도 없다. '오늘 아침엔 모습을 보여주고 싶지 않은 모양인데?'라고 생각하며 포기한다.

얼마 지나지 않아 나무들 사이로 얼핏 하얀 물체가 날아가는 것이 보인다. 이제는 움직임만 보아도 참수리임을 짐작할 수 있다. 가까운 곳에 차를 세우고 카메라를 챙기지만 길가의 나무들 사이로 참수리와 흰꼬리수리가 얼핏 보일 뿐이다. 한참 뒤 강 위에서 일어나는 장면을 관찰할 수 있는 자리를 찾았을 때는 이미 상황이 종료된 후이다.

참수리나 흰꼬리수리 중 어느 녀석이 사냥을 했다. 사냥한 물고기를 놓고 참수리 두 마리가 날아올랐고, 흰꼬리수리 성조 한 마리와 어린 새 두세 마리도 따라 올라 치열한 공중전을 벌였나 보다. 멀어져 가는 흰꼬리수리 성조의 뒷모습에서 이 시간의 승자는 흰꼬리수리 성조였음을 알 수 있다.

나를 본 참수리 성조 한 마리가 한강을 한 바퀴 휘돌아 산으로 들어가 버린다. 흰꼬리수리 어린 새들도 한강의 상류로, 그리고 하류로 한 마리씩 날아가 버린다. 당연히 예민한 참수리도 곧장 숲으로 들어가리라 생각했는데 하늘 위에서 한 바퀴 천천히 선회한 후, 먹이 다툼의 현장인 가장자리 바위에 내려앉는다. 깨끗한 작은 바위 위에는 아무것도 남아 있지 않지만 잠시 앉아 주변을 살펴보다가 낮게 날아오른다. 그리고 다시 강물

⋮ 2015년에 다시 모습을 보인 참수리 B(멋쟁이)의 분노의 비행이 시작된다. 먹이를 빼앗지 못하고 아무것도 얻지 못할 때 이렇게 한강 위를 마치 정찰하듯 비행한다. 벌써 두 번이나 이런 장면을 보았다.

⋯ 분노의 비행을 끝낸 후 녀석은 마음을 가라앉히려는지 사람들과 거리가 가까워 평소에는 앉지 않는 바위에 잠시 쉬었다 날아간다.

위로 여러 차례 왕복 비행을 한다. 사람에게 무척이나 예민해 거의 앉지 않는 곳에 내려앉아 있는 것도 신기하고, 이렇게 근처를 오가며 비행하는 모습도 처음 접한다.

동물이나 조류를 오랫동안 지켜보면 사람과 마찬가지로 각 개체마다 개성이 있음을 어렴풋이 깨닫는다. 무리 지어 있을 때는 잘 모르다가도, 이렇게 각각 떨어지면 같은 종인데도 어떤 녀석은 사람과의 거리를 더 허락하고, 어떤 녀석은 사람 그림자만 보여도 날아가 버린다. 어쩌면 오늘 녀석이 먹이를 바로 눈앞에 두고도 먹지 못해 그 분노를 표출한 비행은 아니었을까? 아침 시간 잠깐 모습을 보여준 참수리는 또다시 나에게 강렬한 인상을 새겨준다.

사냥의 시작과 성공

날씨가 춥다. 날씨가 추워지니 사람들이 보이지 않는다. 강 건너편에 세워둔 위장 텐트가 잘 있는지, 한겨울 차가운 강바람에 날아가지는 않았는지 확인한다. 혹시나 잃어버릴까 걱정도 되지만, 그래도 개인 위장 텐트를 가지고 다니며 설치해두었다가 그곳의 기능이 다했다는 판단이 들면 철수하는 불편을 감수한다.

간혹 누군가 사용할 것 같아 사용 후에는 깨끗하게 정리해두라는 팻말도 텐트 안에 걸어두었지만 아직 다른 이가 사용한 흔적은 보이지 않는다. 추운 날씨와 빙판길에 사람들은 한강에 나오길 꺼리지만, 나는 오히려 이런 상황이 반갑다. 날씨가 따뜻한 날에는 잠깐 한강에 들렀다가 다른 곳으로 가지만 이렇게 날씨가 추운 날에는 온종일 한강에서 시간을 보낸다.

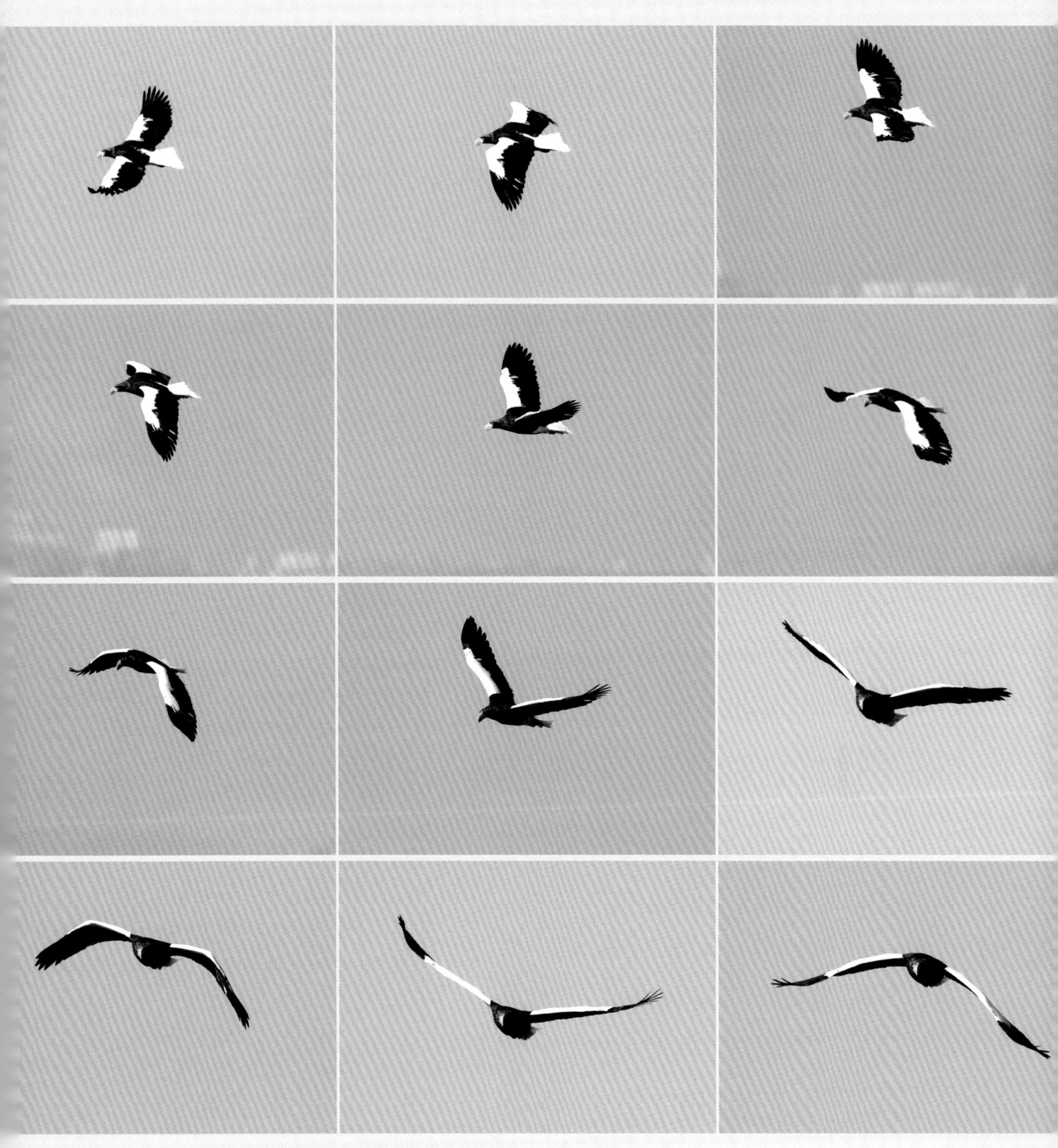

2011년 참수리 B(멋쟁이)의 사냥이 시작된다. 한강을 선회하며 사냥할 물고기를 찾는다.

며칠 동안 계속된 추위에 한강 물이 꽁꽁 얼었다. 드넓은 한강 대부분이 얼음으로 뒤덮였다. 이렇게 꽁꽁 언 한강은 한낮의 따뜻한 햇볕이 내리쬐면 얇게 언 곳부터 서서히 녹아 물길이 생긴다. 또 유속이 빠른 몇몇 곳은 겨우내 얼음이 얼지 않는다.

물속에서 먹이를 구해야 하는 흰뺨오리, 흰죽지, 물닭 등 각종 수면성·잠수성 오리가 얼음이 얼지 않은 좁은 지역으로 모여든다. 물론 이 녀석들만 이곳으로 모여드는 것이 아니다. 얼음 덮인 한강에서 물고기를 사냥할 수 없는 수리도 마찬가지이다. 수리들은 정찰지에 앉아 사냥감의 움직임을 확인하면서 기다린다. 하지만 수리까지 좁은 지역에 모여들면 서로 간의 경쟁은 더욱 치열해진다.

강변 둑에 가만히 앉아 있기에는 너무 춥다. 위장 텐트는 건너편에 있으니 바람을 피할 방법이 없다. 산책길을 따라 걸으며 추위를 견딘다. 좁은 물길을 따라 줄지은 흰뺨오리들의 여러 무리 가운데 어느 쪽을 참수리나 흰꼬리수리가 사냥할지는 예측할 수 없다. 다만 나와 가까운 거리에서 사냥해주기를 바랄 뿐이다.

먼 바위 위에 내내 앉아 있던 녀석이 보이지 않는다. 산책길을 걸으면서도 바위 위 볼록하게 보이는 작고 까만 점을 주시하며 녀석의 존재를 확인했는데 잠깐 눈을 돌린 사이 사라졌다. '아! 또 놓쳤구나. 이제 어쩌지?' 하고 한숨을 내쉬는데 한강 물길을 거슬러 점점 고도를 높이는 하얀 물체가 보인다.

'날아가지 않았구나. 한강을 거슬러 올라가는 것일까, 아니면 사냥을 하려는 건가?'

한강을 거슬러 갈 것처럼 고도를 높인 녀석이 먹이를 찾는지 커다랗게 원을 그리며 나를 향해 날아온다. 방향을 돌리는 녀석의 하얀 어깨깃이 선명하게 보이자 가슴이 쿵쾅거린다. 아직 사냥감을 정하지 못했는지 다시 한 바퀴 선회하는 동안, 나는 선택의 기로에 선다.

퍼덕이는 날갯짓을 멈추고 활강을 시작한다. 곧 사냥을 시작하겠구나 하며 기다리지만 녀석은 활강을 하면서 대뜸 방향을 바꿔 빙판 위에 내려앉는다.

'여기에 계속 서 있을까? 아니면 한강 물길을 따라 계속 걸어갈까? 뒤로 돌아 반대 방향으로 걸을까?' 선택할 시간이다. 마음으로는 가던 방향으로 계속 가야 한다고 생각하지만, 몸이 제자리에 얼어붙은 듯 움직이지 않는다. 사냥할 것 같은 녀석의 움직임에 따라 당연히 사냥 장면을 담아야지 하면서도 지금 서 있는 이곳에서도 할 수 있다는 생각과 이곳에서 사냥 장면은 과감히 포기하고 앞으로 계속 걸어가면 더 좋은 장면을 담을 수 있으리란 생각이 머릿속에서 맴돈다.

저 멀리 하남 아파트 단지가 녀석의 뒤쪽으로 그림같이 펼쳐진다. 마치 하남 시가지가 손에 잡힐 듯 카메라 렌즈에 담긴다. 사람들이 아무리 없다 하더라도 내가 녀석을 쳐다보고 있다는 것을 알고 있을 텐데, 바로 앞까지 온 녀석이 옆모습을 나에게 보여주며 물길 가장자리 빙판 위에 사뿐히 내려선다. 녀석과 나와의 거리는 약 200미터이다. 한편으로 가까이에서 볼 수 있다는 기쁨에 가슴이 쿵쾅거리면서도 '에계, 겨우 이렇게 끝나는 거야' 하는 실망감도 밀려온다. 그러나 짧은 순간 빙판에 앉았던 녀석이 곧바로 날아올라 작은 반원을 그리며 사냥 자세를 취한다. 이 자세 그대로라면 나는 녀석의 뒷모습밖에 담을 수 없다. 그러나 이미 내가 앞으로 가기엔 늦었다. 잠시 멈추어 선 시간만큼의 거리가 벌어져 정면에서 사냥 장면을 담을 기회를 놓쳤다. 수면과 경사지게 날개를 펼친 참수리가 녀석 특유의 느린 행동으로 발을 물속에 쑥 집어넣고 조용히 발을 들어 올리자 물고기 한 마리가 딸려 나온다.

지금 내가 서 있는 자리에선 녀석의 뒷모습만 보일 뿐이다. 사냥에 성공한 참수리는 멀리 가지 않고 빙판 가장자리에 사뿐히 내려앉아 며칠 굶은 것처럼 물고기를 허겁지겁 뜯어먹는다.

산책길을 따라 뛰어가도 녀석과의 거리는 한참이나 멀다. 오랫동안 물고기를 뜯어먹

↑ 잠시 빙판 위에 내려앉은 녀석이 곧 다시 수면 위로 낮게 날며 녀석 특유의 사냥 솜씨로 물 몇 방울 튀기지 않고도 물고기를 건져낸다. 아쉽게도 녀석의 뒷모습만 보인다.

← 빙판 위에 내려앉은 녀석을 몇 컷 담고 나니 나와 거리가 가까운 걸 눈치챘는지 나를 힐끗 쳐다보고는 저 멀리 한강 한가운데로 자리 잡는다.

기를 바라며, 관심없다는 듯이 천천히 걸어서 녀석에게 다가간다. 한참을 걸어 녀석과의 거리는 어느덧 대각선으로 약 250미터쯤이다. 그러나 그만큼의 거리도 녀석은 불안한지 남은 물고기를 물고 빙판 더 안쪽으로 날아간다. 만나기 힘들고 가까이 볼 기회는 더욱 힘든 참수리 B(멋쟁이)의 가슴 두근거리는 사냥 장면을 가까이 보았다는 것만으로도 희열을 느낀다. 그동안 고생한 것에 대한 대가라는 생각이 스쳤다. 담은 사진들이 어떤 모습일지 궁금해 서둘러 집으로 돌아간다.

하루에 필요한 먹이

참수리와 흰꼬리수리에게 하루에 필요한 먹이양을 조사해보았지만 정확한 자료가 없다. 그래서 맹금류에게 필요한 하루치 기초대사량을 추정해보기로 했다. 우선 덩치가 비슷한 조류를 조사하니 약 7킬로그램의 두루미는 하루에 필요한 열량이 약 649칼로리라는 것을 알았다.

기초대사량(BMR, 최소 필요 열량)만을 $W^{0.678}$의 계산식[4]으로 계산해보면 6킬로그램의 참수리는 약 364킬로칼로리, 7킬로그램의 참수리는 약 404킬로칼로리라는 최소 열량이 나온다. 문화재청에서 발간한 『천연기념물의 구조치료 및 관리』[5]에는 몸무게 2킬로그램 이상의 조류에게는 몸무게의 약 6~8퍼센트의 먹이를 제공한다는 내용이 나와 있다.

4 Serge Daan 외 3명, 'Intraspecific Allometry of Basal Metabolic Rate: Relations with Body Size, Temperature, Composition, and Circadian Phase in the Kestrel, Falco tinnunculus,' *Journal of Biological Rhythms.*

5 김영준 지음(문화재청, 2006)

이를 참고해 계산해보면 적어도 하루에 360~420그램의 먹이를 먹어야 한다는 결론이 나온다.

참수리를 사육하고 있는 서울대공원에 먹이 공급량을 문의했더니(2011년) 대공원의 참수리에게 하루 800그램 정도의 먹이를 주는데, 일주일 중 하루는 생닭 한 마리, 그리고 주당 1회의 무육일(먹이 공급 중단)을 실시한다고 한다. 맹금류도 육식동물처럼 먹이를 한 번에 많은 양을 섭취하면 삼사 일 동안 먹이 없이 생활이 가능하므로 매일 일정량의 먹이를 먹는다고는 할 수 없다.

한강의 참수리는 매일 사냥을 시도하지만 정찰비행 3~5회에 한 번꼴로 사냥 성공률을 보이니 최대 하루 1~2회 또는 1.5일에 1회꼴로 사냥에 성공한다고 볼 수 있다. 오리를 사냥할 경우에는 흰꼬리수리나 참수리가 오리 한 마리를 온전히 다 먹는 것은 아니지만 하루치의 기초대사량을 넘어서는 열량을 섭취하므로 최소 2일 이상의 열량을 섭취하는 것으로 추정할 수 있다.

또한 2011~2013년의 경우 사냥한 물고기의 크기가 대부분 30센티미터 이상인 것으로 관찰되어 1회의 사냥으로도 최소 기초대사량만큼의 양을 섭취한다고 할 수 있다. 2015년의 경우에는 전년보다 작은 물고기들을 주로 사냥하고, 그런 만큼 먹이를 먹는 횟수도 1~2회로 늘어난 것 같다. 먹이를 놓고 벌어지는 쟁탈전도 자주 눈에 띈다.

이러한 것들을 종합하면 한강의 수생 생태계에 변화가 생기지 않았나 추측한다. 하지만 한강에서는 아직도 자연 상태에서 충분한 먹이를 섭취할 수 있어 해마다 일정하게 참수리와 흰꼬리수리 10여 마리가 월동지로 꾸준히 이용하고 있다.

1 2015년 1월 어느 때보다 많은 흰꼬리수리들이 한자리에 모였다. 참수리 한 마리(왕발이), 참수리 어린 새 한 마리, 그리고 흰꼬리수리 여덟 마리, 조금 전에 이곳을 떠난 두 마리까지 모두 열두 마리였다.

2 한곳에 모여 있는 이유가 무엇일까? 먹이 찾기가 더 쉬워서일까? 가끔 이렇게 많은 수의 수리가 한곳에 모인다.

최상위 포식자, 왕발이

한강을 찾은 참수리의 주 먹잇감은 물고기이다. 남이 잡은 먹이를 빼앗기도 하지만, 스스로 사냥하는 장면도 자주 본다. 때에 따라서는 왜가리가 잡은 먹이까지 빼앗으려고 한다. 몇 시간 동안 강 한가운데 바위에 앉아 있는 참수리를 보며 기다린다. 참수리 A 왕발이다. 비록 덩치가 크지만, 한강에 앉아 있는 참수리를 맨눈으로 보면 까만 점 하나가 바위 위에 톡 튀어나온 정도로만 보여 잠시라도 한눈팔면 다시 찾기란 쉽지 않다. 이제 사냥할 시간이 되었지만 어디에서 사냥할지는 알 수 없다.

어느 순간 바위에서 사라진 왕발이가 저 멀리 파란 한강 물 위에서 사냥하는 모습이 보인다. 너무 먼 거리에서 이루어진 사냥 장면, 무엇을 잡았는지는 알 수 없지만 빙판 위에 내려앉아 먹는 모습을 보니 작은 물고기를 잡은 것 같다. 왕발이를 쫓아간 까마귀들이 멀찌감치 떨어져 녀석의 눈치를 살핀다.

참수리의 기세가 당당하던 2013년 시즌, 당시에는 까마귀가 먹이를 먹고 있는 왕발이에게 감히 접근하지 못했다. 왕발이는 식사를 마친 뒤 성큼성큼 얼음 가장자리로 자리를 옮겨 물을 마신다. 늘 같은 자리를 굳게 지키며 앉아 있던 녀석이 그 큰 덩치로 뒤뚱거리며 걷는 모습을 보니 우습기도 하다. 참수리뿐만 아니라 흰꼬리수리도 먹이를 먹는 중에 가끔 물을 마시러 내려간다.

그러나 얼음이 얇아 녀석의 몸무게를 견디지 못해 깨지고 순식간에 물에 빠진 왕발이는 날개를 퍼덕이며 물에서 빠져나온다. 왕발이는 물에 빠지는 수모를 당하긴 했어도 여전히 당당함과 위엄 있는 모습이다. 왕발이가 있는 빙판 뒤쪽에 언제 왔는지 다른 참수리 한 마리가 자리를 지키고 있다. 이들과 반대편 저 멀리 바위 위에 또 참수리 한 마

잠시 한눈판 사이 바위 위에 앉아 있던 왕발이가 어느새 저 멀리에서 사냥을 끝내고 빙판 위에 내려앉는다. 작은 물고기를 잡았는지 금방 다 먹어버렸다. 힘들게 따라간 까마귀들은 아무런 소득이 없다.

리가 앉아 있다. 한 곳에서 참수리 세 마리가 내 시야에 들어온다.

'녀석들이 한자리에 모여 있으면 얼마나 좋을까' 하고 생각하지만 이렇게 모두 볼 수 있는 것만으로도 큰 행운이다. 비록 먹이가 작긴 해도 참수리 사이에 먹이 다툼이 일어나지 않는다는 것은 서로의 서열이 확실하거나 다른 녀석들이 지금 배가 부른데 괜한 에너지 소비를 하고 싶지 않다는 뜻일 것이다.

또다시 기다림의 시간이다. 빙판 가장자리에서 재미있는 일이 일어나기를 바라며 찬 바람을 맞으면서 세 시간째 기다린다.

흰꼬리수리 성조가 물고기를 먹다가 물을 마시러 내려왔다. 그러고는 먹이를 남겨둔 채 날아간다.

왕발이가 사냥감을 잡고 먹이를 먹는 동안에 뒤쪽의 참수리는 미동도 않은 채 자리를 지키고 있다. 배가 불러 먹이에 대한 욕심이 없는 것일까? 아니면 서열이 확실하기 때문일까?

참수리 세 마리가 자기 자리를 지키고 있다. 마치 누가 오랫동안 자리를 지키는지 내기를 하는 듯하다. 가장 가까운 곳에 앉은 왕발이가 날자 뒤편에 앉아 있던 참수리 역시 날아오른다. 그러고는 훨씬 먼 곳에 앉아 있는 참수리에게로 날아간다. 두 마리의 참수리가 날아오자 먼 곳에 앉아 있던 녀석은 팔당대교 상류로 날아가 버리고 두 마리의 참수리는 녀석이 앉아 있던 자리에 내려앉는다. 마치 함께 모이려고 날아갔다기보다 두 마리 참수리가 나머지 한 마리 참수리를 자기들 구역에서 쫓아내는 것처럼 보인다. 녀석들은 도대체 어떤 사이일까? 두 녀석의 관계는 무엇이고 나머지 한 녀석은 또 어떤 관계일까? 너무 거리가 멀어 나머지 한 녀석의 정체를 확인할 수 없어 궁금증만 더한다.

날아다닐 때와는 달리 참수리가 앉아 있을 때는 어깨깃으로 구분하기가 어렵다. 왕발이는 오른쪽 어깨깃이 갈라져 삐죽 나온 흰색 깃털로 구별하기 쉽지만, 왼쪽 모습을 보일 때는 다른 참수리와 구별하기가 어렵다. 녀석의 어깨깃과 늘 지키고 있는 자리로 왕발이라는 것을 가늠한다.

먹이를 좀처럼 양보하지 않는 왕발이 녀석이 배가 불렀나 보다. 왕발이가 다 먹지 않고 먹을 것을 남기자 기다렸다는 듯이 흰꼬리수리가 남은 먹이를 차지했다. 혼자서 사냥도 하지만 남의 먹이를 빼앗거나 누군가가 잡은 먹이 주변에서 기다리다가 먹이를 낚아채는 것이 한강 최상위 포식자들의 사는 방식이다. 조금이라도 에너지를 소비하지 않고 먹이를 먹을 수 있는 최선의 방법이다. 월동지로 우리나라를 찾는 수리는 일반적으로 서식지에서의 경쟁에 밀려서 오거나 어린 개체들이 온다고 알려졌다. 그러나 참수리 성조인 왕발이가 이렇게 몇 년째 한강에 찾아오는 것은 먹이 경쟁에 밀려서라기보다 이곳에 먹잇감이 풍부하다는 것을 알기 때문인 것 같다.

왕발이는 다른 참수리보다 덩치가 크기도 하지만 삐죽 나온 흰색 깃털로 금방 알아볼 수 있다. 여느 참수리도 흰꼬리수리보다 덩치가 크지만 특히 왕발이(오른쪽)와 흰꼬리수리(왼쪽)의 덩치 차이는 단연 돋보인다.

먹이에 대한 의심

2012년 시즌 후반에 접어들 무렵, 그동안 일정하게 사냥해온 유형이 바뀌었다. 사냥터에서 아무리 기다려도 참수리와 흰꼬리수리가 오지 않는다. 어느덧 사냥해야 할 시간이 훌쩍 지났다. 이상하다는 생각이 스쳤지만 그 까닭을 알 수 없었다. 그리고 다시 해가 바뀌어 2013년 시즌이 되었다.

1월 초까지는 참수리들이 일정한 유형으로 날아다니고 사냥을 한다. 그러나 어느 순간부터 그동안 보여준 규칙성이 사라졌다. 참수리와 흰꼬리수리가 예봉산 자락으로 찾아드는 저녁 시간이 되자, 팔당 한강공원에서 기다리는 내 머리 위로 흰꼬리수리와 참

1 수리에게 주는 먹이가 빙판 위에 뿌려졌다. 그러나 수리가 직접 먹는 경우는 드물고 주로 까마귀와 갈매기들의 잔치로 이어진다.

2 흰꼬리수리들이 먹이에서 얼마 떨어지지 않은 곳에 드문드문 앉아 있다. 물고기를 사냥할 때처럼 살짝 발만 내리면 물고기를 집을 수 있는데도 그렇게 하지 않는다.

수리 아홉 마리가 지나간다.

날아온 방향은 사람들의 접근이 어려운 우거진 숲에서였다. 사람들을 피해 그들이 편하게 휴식을 취할 수 있는 곳이니 그곳에서 날아오는 것이 당연하다고 생각하면서도 이렇게 같은 방향에서 무리 지어 날아오니 그곳에서 어떤 일이 벌어졌는지 확인하고 싶은 생각이 문득 스친다.

다음 날 녀석들이 날아온 곳을 확인하러 가다가 재미있는 광경이 눈길을 사로잡는다. 사람들이 많이 다니는 강변 둑에서 약 150미터 거리에 물고기 더미가 쌓여 있고, 그곳에서 갈매기와 까마귀가 모여들어 향연을 벌이고 있다. 어디에서 이렇게 많이 날아왔을까 하는 의문이 들 정도로 갈매기 수가 엄청나다. 그들 틈에 끼어든 까마귀 역시 즐겁게 식사 중이다.

까마귀와 갈매기를 쫓아내고 먹이를 먹고 있어야 할 흰꼬리수리는 쌓여 있는 먹이에서 20~30미터, 멀리로는 약 100미터 거리에 떨어져 있다. 더욱이 참수리는 먹이에서 적어도 100미터 또는 300~400미터 거리 밖에서 지켜만 보고 있을 뿐이다. 드디어 녀석들의 사냥 유형이 깨진 이유를 찾았다. 하지만 며칠 동안 그곳을 찾아 관찰해도 이 거리는 줄어들지 않는다. 까마귀와 갈매기가 매일같이 모여들어 먹이를 먹지만 10여 일이 지나도 물고기 더미는 여전히 많이 남아 있다. 아마도 얼어 있는 물고기를 뿌렸고, 그 물고기들이 추운 날씨에 꽁꽁 얼어 까마귀와 갈매기의 부리로는 쉽게 먹을 수 없는 듯하다.

처음에는 참수리와 흰꼬리수리가 멀리서 물고기 더미를 지켜보는 이유가 위협 요소로 작용하는 거리 때문일 것이라 생각했다. 사람들과 거리가 가까운 곳에 먹이가 있어 예민한 수리들이 접근하지 않는 것으로 말이다. 사냥할 때처럼 날아가면서 발만 살짝 내려 낚아채면 되는데 왜 이렇게까지 경계하는 것일까? 하는 의문이 남는다.

철원의 들판에 뿌려진 먹이를 흰꼬리수리는 직접 가져가지 않는다. 독수리가 들판의 먹이를 물고 가면 비로소 독수리에게서 먹이를 빼앗기 시작한다.

그러던 어느 날, 전혀 뜻밖의 장면이 펼쳐졌다.

흰꼬리수리 한 마리가 물고기 더미보다 훨씬 더 가까운 산책로 쪽에 자리를 잡는다. 사람들과의 거리가 더 가까운데도 날아가지 않고 먹이 주변에서 무엇인가를 기다리고 있다. 문득 사람들과의 거리가 가까운 탓에 예민한 녀석들이 먹이를 앞에 두고 기다린 것이 아니라는 생각이 들었다. 독수리 먹이가 논밭에 뿌려지면 흰꼬리수리는 먹이를 직접 채 가지 않고 독수리들이 먹이를 물고 갈 때 먹이 싸움을 벌여 빼앗아 먹는 것과 같은 이치가 아닐까 싶었다.

물고기 더미가 있다는 것을 까마귀와 갈매기만 아는 것은 아니다. 2015년에는 왜가리들까지 먹이 잔치에 참석한다. 2013년에는 열흘이 지나도 남아 있던 먹이가 2015년에는 길어야 사흘이고 보통 이틀이면 다 사라져 버린다.

자신이 직접 사냥한 먹잇감이 아닌 남이 두고 간 먹잇감, 주인이 누군지 모르는 먹잇감에 대한 끊임없는 의심, 이것으로밖에 달리 설명할 수 없다. 육상의 맹수들이 버려진 사체에 쉽게 다가가지 않고 의심의 눈으로 주위를 살피다가 조금이라도 이상한 점이 보이면 배고픔을 참으면서 그냥 돌아서는 모습과 같은 맥락이다. 그래서 자연 상태에서는 용감한 녀석이 의심 많은 녀석보다 생존율이 낮다.

참수리와 흰꼬리수리 녀석들도 스스로 사냥한 먹이에 대해서는 의심하지 않는다. 그러나 주인 없는 먹이에 대한 의심은 굉장히 심하다. 이런 까닭으로 의심 가는 먹이는 설

불리 가져 가지 않는다. 물론 가끔 예외인 녀석이 있을 수 있지만, 대부분 녀석들은 먹이에서 떨어져 기다린다. 다른 녀석들이 먹이에 대한 의심을 풀어줄 때까지 말이다. 한강에서 그 의심을 풀어주는 것은 단연 까마귀와 갈매기이다.

까마귀나 갈매기가 쪼아먹는 먹이나 그들의 먹이를 흰꼬리수리가 강탈해서 먹는다면 참수리가 더 이상 의심하지 않는다. 참수리가 위협 비행으로 빼앗기만 하면 된다. 종종 갈매기들이 큰 먹이를 움켜쥐고 가다가 무게를 이기지 못해 떨어뜨리면 어김없이 근처에 있는 흰꼬리수리가 먹이를 낚아챈다. 그때 저 멀리에서 참수리가 날아온다. 그리고 먹이를 가진 녀석에게 다가와 위협 비행을 하여 먹이를 떨어뜨리게 한 뒤 마침내 차지하는 것으로 상황이 마무리된다. 직접 사냥하는 것보다 이렇게 사람들이 제공한 먹이 주변에서 기다리다가 의심이 풀리면 그때 먹이를 탈취하는 것이 훨씬 쉬운 방법임을 참수리와 흰꼬리수리는 본능적으로 알고 있나 보다.

과연 한강을 찾아오는 맹금류인 수리에게 먹이를 주는 것이 그들에게 어떤 영향을 미칠까? 이에 대한 답은 아직 얻지 못했다. 한강유역환경청과 하남시의 지원으로 진행하는 '수리수리 사업'은 이미 신문 기사로 소개되었고 몇몇 사람들은 초기부터 아는 사실이었다. 먹이 주기 행사를 시작하고부터 한강을 찾아오는 수리의 개체 수가 늘어났을까? 아직 초기 단계이므로 계속 조사하고 그 결과를 꾸준히 연구해야 할 것이다.

참수리에 관한 글을 쓰기로 마음먹었을 때, 이 사업에 대한 이야기를 넣어야 하나, 넣지 말아야 하나 고민을 많이 했다.

2012년에 시작한 수리수리 사업은 아직까지는 아는 사람들만 알 뿐 널리 알려지지 않았다. 아마도 새 사진을 찍는 사람들로 북적이는 곳이 되지 않기를 바라는 마음에서 조용히 사업을 진행했을 것이다.

예전과 달리 고가의 렌즈가 있어야만 조류 촬영이 가능하다는 공식이 깨지면서 이제는 공개된 장소에 사람들이 너무 많이 모여든다. 조류에 대한 사전 지식도, 어떻게 촬영해야 하는지에 대한 기준도 마련되지 않다 보니 각자의 기준에 따라 촬영한다. 결국 사람이 많이 모이면 쓰레기 문제, 왔다 갔다 하면서 새들에게 스트레스를 주는 행위, 큰 소리로 떠들고 길을 막는 행위 등 여러 가지 문제가 생길 것이다.

그러나 언제까지 비밀이 지켜질지는 알 수 없다.

새 사진을 시작하는 사람들이 급격히 늘어나고 그들이 네트워크를 형성해 다가오는 시즌에는 더 많은 사람이 몰려올 것이 뻔한 상황에서 어떻게 하는 것이 새들을 위하는 것일까? 산책로를 통제하거나 길을 새로 만들 수 없으니 차라리 사람과 자전거가 지나다니는 모습을 보더라도 수리가 안전함을 느낄 수 있게 강릉의 남대천 전망대처럼 짚으로 차단막을 설치하면 좋지 않을까?

아무런 안전장치도 없는 현재 상황에서는 참수리나 흰꼬리수리가 먹이 근처에 있다가도 고함을 지르며 다가오는 사람에 놀라 도망가기도 하고, 오가는 사람들의 웅성거리는 소리에 불안해서 날아오르기도 한다. 때로는 빙판 위로 돌을 던지는 사람도 있다. 많은 사람에게 공개된 장소처럼 이곳에 수십 명의 사람들이 삼각대와 카메라를 설치하고 온종일 왔다 갔다 하는 상황이 벌어졌을 때 참수리와 흰꼬리수리가 어떤 반응을 보일지 고민해볼 필요가 있다.

수리수리 사업의 하나로 먹이를 뿌려주면 참수리와 흰꼬리수리는 자신의 사냥터에서 벗어나 먹이 근처에 모여든다. 굳이 많은 에너지를 소비하면서 사냥하지 않고도 먹이를 얻을 수 있으니 먹이 주변으로 모여드는 것은 당연하다. 그 과정에서 평소에 사냥하던 녀석의 움직임이 이상하면 먹이 공급을 다시 검토할 필요가 있다.

수리수리 사업으로 뿌려진 먹이 주변에 수리가 몰려 있는 틈을 타 사냥터에서 흰꼬리수리 어린 새가 사냥한 먹이를 먹고 있다 .

그러나 모든 참수리와 흰꼬리수리가 먹이 주변으로 모여드는 것은 아니다. 먹이 주변에 많은 녀석이 몰려 있는 틈을 타 근처 사냥터에서 사냥을 시도하는 흰꼬리수리나 참수리를 종종 볼 수 있다. 아마도 본능에 이끌려 사냥하는 것이겠지만, 주변에 다른 흰꼬리수리나 참수리가 없으니, 먹이 경쟁을 할 필요가 없다는 것을 알고 있지 않을까 하는 생각도 든다. 이처럼 먹이를 제공해도 스스로 사냥하는 본능을 버리지 않는 녀석도 있다.

이 사업을 진행하면 해를 거듭할수록 더 많은 참수리와 흰꼬리수리가 우리나라를 찾을까? 어린 개체들이 성장하여 성조가 되었을 때도 정기적으로 우리나라를 월동지로 이용할까? 다양하고 꾸준한 연구로 그에 대한 해답을 찾았으면 하는 바람이다. 그리고 그러한 연구 과정이 수리와 인간이 함께 공존해야 함을 알리는 소중한 기회가 되었으면 좋겠다.

고니와 고라니의 죽음

강 건너편, 새들의 움직임이 심상치 않다. 뿌옇게 낀 아침 안개와 거리가 멀어 자세히 보이지는 않지만 흰꼬리수리들이 바위 위 여기저기 흩어져 앉아 있는 모습이 희미하게 보인다. 게다가 까마귀와 까치들이 나뭇가지와 빙판 사이를 오르락내리락하고 있다.

'무슨 일이 생겼나? 누가 먹이라도 갖다 두었나 보네.'

먼 거리를 돌아 그곳으로 가 보았지만 나뭇가지에 가려 강변 아래 상황이 잘 보이지 않는다. 먼 거리임에도 흰꼬리수리들은 이미 눈치채고 내가 있던 강 건너편으로 날아가 버려 까마귀와 까치들만 보인다. 조심스럽게 수풀에 몸을 숨기고 천천히 조금씩 다가가 본다.

멀리에서는 빙판 위로 핏빛 형체만 보였는데 자세히 보니 어린 큰고니의 사체이다.

큰고니 어린 새의 사체. 큰고니 가족이 근처에서 헤엄치며 죽은 큰고니를 유심히 바라본다. 당황한 눈빛이 안쓰럽다.

이미 목 부분과 몸통의 상당 부분이 해체되어 뼈와 날개 깃털만 남아 앙상하다. 아직도 갈비뼈 주위에 남은 살을 까마귀 한두 마리가 내 눈치를 보며 먹고 있다. 사체의 머리 쪽은 어린 큰고니라는 것을 알 수 있을 만큼 깨끗하다.

사냥을 당했는지, 병과 추위로 죽었는지는 알 수 없다. 그저 또 다른 생명의 순환을 위해 자기 몸을 내어줄 뿐이다. 근처에는 큰고니 가족 네 마리가 유영하며 마치 죽음을 애도하는 듯이 눈망울이 애잔하다. 암수 큰고니와 어린 큰고니 두 마리로 이루어진 가족, 부모는 새끼들을 이끌고 근처까지 와서 한동안 주위를 떠나지 않는다. 새끼들은 가족 또는 동료였을 어린 큰고니 사체 바로 곁에까지 와서 한참 동안 지켜본다. 렌즈 속으로 보이는 큰 눈망울에서 슬픔과 애도, 그리고 당황스러운 눈빛을 읽는다.

동물이나 새가 과연 감정을 가지고 있는지에 대해 많은 논란이 있지만 지금은 모든 동물이 슬픔, 기쁨, 아픔, 공포와 같은 감정을 느낀다는 것이 정설로 굳어졌다. 동물이 느끼는 공포와 슬픔 역시 사람이 느끼는 감정과 다름없어 보인다. 렌즈에 비친 큰고니들의 눈망울이 잊히지 않아 한참 동안 가슴이 먹먹하다.

2주가 지난 후, 아침 일찍 한강으로 향한다. 강변도로에는 밤에 물을 먹으러 내려왔는지 고라니 한 마리가 차에 치여 도로 위에 널브러져 있다. 지나가는 차 모두 고라니의 사체를 피해 간다. 한강을 한 바퀴 돌고 오자 어느새 두 시간이 지나 있다. 여전히 고라니 사체는 아침에 있던 그 자리에 그대로다. 도로 위 갓길에 걸쳐 있어 운전자가 조금만 방심하면 사고가 날 것 같다. 차를 세우고 고라니 사체에 조심스럽게 다가간다. 털빛도 깨끗하고 윤기가 흐르는 고라니 암컷이다. 상처의 흔적이 그 어느 곳에도 보이지 않고 깨끗한 것으로 보아 자연사한 것이 아니다. 예를 들어 너구리나 새들이 병에 걸리면 털이나 깃털이 윤기를 잃고 군데군데 빠지고 헤지는 증상이 나타난다.

하지만 고라니의 죽음은 뭐라 단정 내릴 수가 없다. 독극물에 따른 죽음을 의심할 만큼 깨끗하지만, 길가에서 죽었으니 독극물을 먹었다고 할 수도 없고 입 주위에 침 흘린 자국조차 없이 깨끗하다. 산 위의 고라니가 물을 마시려면 한강으로 내려가야 하지만 인간이 만든 도로가 내려가는 길을 막고 있다. 엄청난 위험이 도사리고 있는 도로를 건너야만 강에 도착할 수 있다. 물을 마시기 위해 목숨을 걸고 도로를 건너면서 고라니는 얼마나 두려움에 떨었을까?

녀석이 차에 치여 뇌진탕으로 끝내 숨을 거둔 것이라는 결론을 내린다.

그냥 모른 채 그 자리에 두기에는 너무 무심한 것 같아 일단 도로에서 벗어난 수목 지대로 옮기려고 뒷발을 잡고 끌어본다. 묵직함이 느껴진다. 먹이도 충분히 먹은 듯 배가 통통하게 살이 올랐다. 아니, 어쩌면 배 속에 아기 고라니가 자라고 있었을지도 모른다. 삶과 죽음의 고통을 느꼈을 고라니를 끌고 내려가는 내내 마음이 무겁다. 도로 건너 강변 숲 속 아래로 고라니를 끌고 내려가려니 힘에 부친다.

막상 숲으로 옮겼지만 어떻게 해야 할지 몰라 잠시 망설인다. 그냥 숲에다 둘까? 혹시 수리들이 먹을지도 모르니 사람들이 볼 수 없고 수리들은 볼 수 있는 지역에 놓아두면 어떨까? 빙판 위에 두면 수리들이 더 쉽게 보겠지만, 따뜻한 날씨가 이어지고 있어 강 가운데까지 얼었던 얼음들이 녹아 강변으로 떠내려와 있고 두께도 너무 얇아 고라니를 그곳에 둘 수 없다.

수목에 가리지 않는 바위 위에 올려두고 조심스럽게 숲에서 벗어난다. 아마도 흰꼬리수리가 근처에 있다면 멀리서 지켜보고 있을 것이다. 도로 위로 올라와 고라니를 둔 장소를 살펴보니 도로에서는 보이지 않는다. 사람들이 볼 수 없는 위치에 사체가 있으니 수리가 마음 놓고 먹을 수 있으리란 생각에 안심하며 차에 오른다.

고라니를 두었던 강변 으슥한 곳의 바위.

다음 날 아침, 고라니를 둔 강변이 조용하다. 까마귀도 까치도 보이지 않는다. 숲 속에 들어가지 않고는 안의 상황이 어떤지 전혀 알 수가 없다. 한참을 망설이다가 조심스럽게 숲 속으로 들어간다. 내가 옮겼어도 정확한 위치를 찾지 못하고 한참을 헤매다가 고라니를 발견한다. 하루가 지났지만 여전히 어제 놔둔 상태 그대로다. 그 흔한 까마귀조차 사체를 보지 못했으니 쉽게 찾지 못하는 곳에 둔 것은 아닌지 걱정이 된다.

다시 이틀이 더 지났다. 매일 확인하고 싶었지만, 사람이 자주 나타나면 녀석들이 의심할 것 같아 일부러 찾지 않았다. 숲 속에는 아무 움직임도 없이 고요만이 흐른다. 고라니 사체는 수리들이 보지 못하고 결국 썩어가는 것은 아닌지 생각하며 놓아둔 장소로 내려가 본다.

고라니 사체가 보이지 않는다. 다른 동물들이 먹은 흔적도 없다. 그 커다란 고라니를 채 갔을 리 없다. 주변을 샅샅이 살피다가 물속을 들여다본다. 강 가장자리에서 10여 미터 안쪽 강바닥에 반쯤 뜯겨 나간 고라니 사체가 물속에 잠겨 있다.

고라니 사체를 바위 위에 둔 이유는 수리가 강 안쪽으로 끌고 들어가 편히 먹으라는 뜻에서였다. 강 안쪽은 예년 같으면 꽁꽁 얼었을 지점이기 때문이다. 어쩌면 수리가 고라니 사체를 끌고 들어가 먹다가 얼음이 녹아 사체가 물속에 빠진 것인지도 모른다. 예년처럼 추운 날씨가 이어졌다면 얼음이 언 강 안쪽으로 사체를 무사히 끌고 들어갈 수 있었고, 나도 밖에서 관찰하기 쉬웠을 텐데 아쉬울 뿐이다.

누군가의 죽음은 또 다른 누군가에게 생존 기회를 제공하는 자연의 냉엄한 현실을 경험하는 순간이다. 또한 흰꼬리수리나 참수리는 먹잇감이 있다고 금방 먹잇감에 달려드는 것이 아니라 오랫동안 관찰하고 사람들이 보지 않는 시간에 먹이를 먹는다는 사실을 알았다.

큰고니와 고라니의 사체에서 빚어진 일들을 보며 자연에서는 끊임없이 삶과 죽음이 일어나고 있음을 새삼 느낀다. 비단 인간뿐만 아니라 언제나 변함없는 모습으로 하루를 시작하는 조류의 세계에서도 날마다 삶과 죽음이 치열하게 교차하고 있다.

흰꼬리수리와 고라니 가족

한강 강변의 숲 속은 고라니와 꿩, 멧비둘기 등 다양한 동물들의 삶터이다. 덩굴식물이 뒤엉켜 길을 막고 있어 사람이 드나들기 힘들고, 또 물을 마실 수 있는 강이 가까이 있어 그들에겐 최적의 장소이다. 주변 검단산과 예봉산에서 살던 고라니들이 한강으로 내려왔다가 돌아갈 길을 잃어 이곳 숲에 정착해 살아가고 있다. 마치 인간이 만든 도시

고라니 가족이 빙판 위에 모습을 나타냈다. 흰꼬리수리와 고라니는 서로에겐 낯선 존재이지만 서로 해를 끼치지 않는다는 것을 아는지 아무 동요가 없다. 비슷한 크기의 검독수리는 고라니를 상대로 사냥 연습을 한다.

의 장벽 속에 갇힌 삶의 터전 같지만 한강이라는 길이 동물들의 이동 통로 역할을 한다.

먹이를 노리는 흰꼬리수리와 새끼를 거느린 암컷 고라니 가족이 빙판 위에서 만난다. 서로에게 아무런 해가 없음을 아는지 흰꼬리수리가 곁으로 낮게 날아와도 고라니는 도망치지 않고, 먹이를 주시하며 앉아 있는 흰꼬리수리에게로 고라니가 다가가도 흰꼬리수리는 날아가지 않는다.

함께 있어야 할 그곳에 서로에 대한 믿음이 있다. 우리가 모르는 사이, 비록 좁지만 생명이 살아 숨쉬는 공간에서 다양한 생물이 살고 있다. 이들을 보호하고 지켜주어야 할 의무가 우리에게 있지 않을까?

5장

경쟁

까마귀들이 사는 법

한강에 사는 맹금류

먹이와 서열

사냥감 빼앗기

일인자의 먹이를 넘보는 어린 새

어린 참수리의 먹이 쟁탈

힘보다 속도

흰꼬리수리들의 다툼 그리고 참수리

먹이 앞에서 춤추다

조류의 먹이 탈취 행동을 전문용어로 크렙터패러시트즘(Kleptoparasitism)이라고 할 만큼 빈번히 일어나는 먹이 빼앗기는 그들에게 가장 효과적인 먹이 획득 방법이다. 이러한 먹이 탈취는 같은 종 사이에도 벌어지며 다른 종인 흰꼬리수리, 검수리(검독수리), 독수리, 물수리와도 벌어진다. 상대적으로 크기가 큰 참수리가 유리하지만 조금 더 공격적이고 적극적으로 먹이 탈취를 시도하는 개체가 성공하는 경우가 많다. 맹금류에게는 일상적으로 일어나는 행위라 습성의 하나로 이해해야 한다. 대형 고양이과 동물은 자기가 잡는 것보다 남의 것을 빼앗는 것이 에너지 소모가 덜하므로 이런 행동을 자주 한다고 한다.

다른 녀석이 사냥한 먹이를 탈취하는 것은 이미 있는 먹이를 빼앗느냐 아니면 포기하느냐 둘 중 하나이지만, 사냥은 몇 번의 시도 끝에 성공할 수도 있고 실패할 수도 있으므로 에너지가 훨씬 많이 소모된다. 이러한 까닭으로 먹이를 얻기 위해 더 쉬운 방법을 선택한다.

까마귀들이 사는 법

2011년 시즌, 한자리에 앉아 있는 참수리를 찾는 가장 쉬운 방법은 까마귀들의 움직임을 좇는 것이다. 당정섬에 까마귀들이 날아다닌다. 그러면 그 안에 참수리가 있다. 까마귀들은 참수리를 끊임없이 괴롭힌다. 배고픈 어린 새가 엄마 아빠에게 얼른 먹이 잡으러 나가라고 재촉하듯이 참수리의 꽁지깃을 잡아당기기도 하고 참수리 등에 날아 올라탈 듯이 살짝 지나치기도 한다. 이런 불편한 이웃의 괴롭힘에 참수리는 날갯짓 몇 번으로 쫓아내지만 까마귀들은 어느새 파리 떼처럼 다시 참수리 주위로 모여든다. 꾀 많고 머리 좋은 까마귀들이 이렇게 하는 이유가 있다.

까마귀는 작은 먹이를 쪼아 먹을 수는 있어도 큰 먹잇감은 부드러운 부분이 아니면 찢어 먹을 수 없다. 그래서 참수리가 먹이를 먹고 있으면 까마귀들이 주위에 모여들기 시작한다. 참수리가 크고 날카로운 부리로 먹이를 찢어 먹다 보면 작은 조각들이 주변에 떨어지는데 이것을 주워 먹기 위해서이다. 참수리가 먹이를 먹는 주변으로 까마귀가 부지런히 떨어진 먹이를 주워 먹는 모습을 쉽게 볼 수 있다.

참수리가 먹이를 먹고 있으면 그 주변으로 흰꼬리수리들도 모이기 시작한다. 흰꼬리수리의 목적은 까마귀와는 다르다. 참수리가 먹이를 남기고 떠나면 그 나머지를 차지하기 위해서이다. 참수리가 먹고 있는 사이 흰꼬리수리는 떨어져 나오는 먹이를 주워 먹지 않는다. 먹이 주변으로 흰꼬리수리가 가까이 오는 것을 참수리가 허락하지 않기 때문이다. 흰꼬리수리는 참수리가 그만 먹을 때까지 기다릴 수밖에 없다.

그렇다고 까마귀가 항상 참수리나 흰꼬리수리 주변에 떨어진 먹이만 얻어먹는 것은 아니다. 남의 먹이 빼앗아 먹기가 주특기인 왕발이는 근처에 사람이 갖다 놓은 먹이가 있어도 직접 가지러 가지 않는다. 가만히 기다렸다가 까마귀나 갈매기가 고기 한 덩어리를 가지고 가면 득달같이 날아와 위협 비행으로 먹이를 떨어뜨리게 해 가져간다. 다시 그 주변으로 까마귀와 까치가 모여들어 떨어져 나온 부스러기를 주워 먹는 공생관계가 이루어진다.

2015년 1월은 추운 날이 이어지지 않다 보니 얼음이 얼지 않았다. 팔당지구에 얼음이 얼지 않으면 오리는 한곳에 모이지 않고 넓은 지역으로 흩어져 먹이 활동을 한다. 참수리나 흰꼬리수리의 먹잇감이 넓은 지역으로 흩어져 있고, 얼음이 얼지 않은 한강은 그

야말로 광활한 사냥터로 어느 지역, 어느 곳에서 참수리들이 사냥할지 예측할 수 없다.

무작위로 한 곳을 골라 그 지역에서 기다리는 수밖에는 달리 방법이 없다. 그렇게 오전 내내 기다리지만 참수리도 흰꼬리수리도 보이지 않는다. 늘 근처에서 자리를 지키던 흰꼬리수리 한 마리도 보이지 않는다. 녀석들이 사냥할 시간에도 나타나지 않는다는 것은 다른 곳에서 먹이를 먹고 있다는 것을 의미한다.

'어디로 가면 될까?' 짚이는 곳이 한 군데 있다. 한참을 돌아서 가야 하지만 그래도 확인을 꼭 해봐야 할 지역이기에 시간 낭비를 감수하면서 확인하러 간다. 강변 높은 언덕에서 내려다보니 덩치 큰 녀석이 보이고 사방에 까마귀들이 날아다닌다.

'또 여기에 모두 있었구나.' 녀석들에게 다가간다. 꽤 거리가 멀어 근처에 닿기도 전에 참수리가 먹이를 다 먹고 날아가 버리지 않을까 걱정한다.

이곳은 참수리 A(왕발이)의 구역이다. 녀석이 가는 곳은 늘 정해져 있다. 검단산에 있지 않은 이상 몇 곳만 확인하면 쉽게 찾는다. 녀석을 확인하고 나서 강변 산책로까지 가는 시간이 오래 걸려 강변에 내려서자마자 녀석이 보이는 곳에서 바로 강으로 내려선다. 걸어오느라 시간이 한참이 지났는데도 아직도 발톱으로 조그마한 먹잇감을 누르고 커다란 부리로 먹이를 찢어내고 있다. 먹이 크기를 알맞게 자르려고 고개를 흔드는 순간 제법 큰 덩어리 하나가 떨어져 나간다. 그 기회를 놓치지 않고 까마귀 한 마리가 재빨리 주워 다른 녀석에게 빼앗길세라 얼른 날아간다. 왕발이는 이제 이곳의 상황에 완벽히 적응하고 있다. 왕발이는 까마귀들의 작은 소란에는 무관심하다는 듯 발톱 사이에 낀 마지막 먹이까지 깨끗이 처리한다.

식사를 끝낸 왕발이가 빙판 위에 부리를 문질러 깨끗이 닦는다. 보통 맹금류가 식사 후 나뭇가지에서 하는 행동이다. 먹이를 먹었으니 소화도 해야 하고 휴식을 취해야 한다. 하지만 까마귀들이 곁에 있으면 휴식을 취할 수 없다. 쉬고 싶은 참수리를 배고픈 까마귀들은 끊임없이 괴롭힌다. 녀석들은 눈치를 살피며 참수리의 꼬리 쪽으로 돌아가 꽁지를 물어뜯기 시작한다. 그뿐만 아니라 뱅글뱅글 돌기도 하고 빙판에 미끄러지면 다시 일어나 끈질기게 괴롭히는 까마귀 등쌀에 참수리는 결국 녀석들을 피해 조용한 장소로 옮기고서야 비로소 평온을 찾는다.

까마귀들뿐만 아니다. 덩치가 더 작은 까치 중에도 까마귀처럼 행동하는 녀석들이 있다. 머리 좋은 까치들이 까마귀의 행동을 보고 참수리의 먹이를 먹자 자기들도 먹이를 얻을 수 있다는 것을 배운 듯하다.

한강에 사는 맹금류

새벽에 강변 산책길을 걷는다. 아직 참수리나 흰꼬리수리가 산에서 내려올 시간이 아니다. 나보다 더 일찍 동이 트기만 하면 강물 위를 유유히 떠다니며 먹이 활동을 하는 흰뺨오리, 흰죽지, 논병아리, 물닭 떼를 만난다. 갑자기 요란한 날갯짓과 함께 오리 떼가 하늘로 솟구쳐 오른다. 흰꼬리수리나 참수리가 보일 때 위험신호를 보내고 파드득 하늘로 날아오르는 것과 같은 요란함이 강물 위에서 일어난다.

'이제 슬슬 수리가 내려오나 보다' 하고 하늘을 올려다보지만, 수리의 날갯짓은 어디에도 보이지 않는다. '그럼, 뭐지?' 하는 순간, 내게로 날아오는 익숙한 날갯짓이 보인다. '아니, 이 녀석이 왜 여기 있어?' 하면서 얼른 카메라를 들자 나를 향해 날아오던 녀석이 방향을 바꾼다. 아직 다 자라지 않은 매가 한강에서 사냥을 시도했다가 실패한 모

양이다.

덕소 쪽 강변으로는 오래전에 형성된 강둑을 따라 큰 나무 몇 그루가 있고 산책길 아래 강둑으로는 4~5미터 높이의 나무 한 그루가 외로이 서 있다. 사람이 다니지 않는 아침 시간, 가끔 참매 한 마리가 나뭇가지에 앉아 먹이를 노리는 곳이다. 그리고 녀석은 오리처럼 바위 위에 가만히 앉아 있기도 하고, 덕소 쪽 강변 건너편 당정섬에 군락을 이룬 버드나무 나무에 앉아 먹잇감을 찾을 때도 있다.

가끔 강변 후미진 수풀에 들어가면 말끔히 해체된 꿩의 흔적이 보이고, 이른 아침 사람이 다니지 않는 강변 수풀에서 먹다 남은 흔적으로 새들의 깃털을 볼 때도 있다. 때로는 멧비둘기의 깃털도 보이고, 오래되어 어떤 새의 깃털인지 확인할 수 없는 것들도 있다.

수리보다 더 작고 빠르게 움직이며, 강폭이 넓어 수리조차 조그마한 점으로 보이는 한강에 마치 오리처럼 작은 바위에 앉아 사냥의 순간을 기다리는 참매를 보고도 그냥 지나칠 때가 많다. 녀석은 참수리나 흰꼬리수리와 달리 사람 눈에 띄지 않는 곳에서 식사한다. 녀석보다 더 상위의 맹금류가 겨울철 한강에 있으니 더욱 은밀해질 수밖에 없을 것이다.

간혹 강변 숲 속에서 해체된 먹이를 보면 대부분 참매 솜씨라 생각하지만 때로는 이해할 수 없는 순간도 접한다. 몸통의 형체조차 알 수 없을 정도로 완전 해체된 왜가리의 잔해, 그 잔해가 왜가리임을 보여주는 것은 깃털밖에 없다. 이런 습성을 보이는 동물

1
2
3

1 참수리가 조그마한 물고기를 먹는 동안 주변으로 흰꼬리수리와 까마귀가 모여든다. 먹이가 작아 흰꼬리수리가 먹을 것은 없어 보인다. 까마귀들은 참수리 주변으로 떨어져 나오는 작은 조각들을 주워 먹는다.

2 까마귀 중에서 운이 좋은 한 녀석이 큼지막한 조각 하나를 줍고는 동료들에게 빼앗기지 않으려고 도망간다.

3 먹이를 다 먹은 참수리가 빙판 위에서 맹금류의 습성인 부리 닦기를 한다.

은 육식동물인 삵이나 고양이밖에 없을 듯한데, 한강 변에도 삵이 사는 것일까? 살 수 있는 충분한 환경이다. 몸을 숨길 수 있는 넓은 갈대숲이 있고 그 숲에 의지해 살아가는 많은 새와 설치류 그리고 고라니도 살고 있으니 말이다. 하지만 그렇게 오랫동안 관찰해도 녀석을 보지 못했으니 왜가리의 사체는 참매나 흰꼬리수리의 솜씨로 보아야 할 확률이 높다. 그래도 의문은 여전히 남는다.

갈대숲 사이로 난 산책길이 방해되긴 하지만 하남의 넓은 갈대밭은 잿빛개구리매가 살아갈 만한 환경이지 않을까 생각하다가 의외로 갈대밭이 별로 보이지 않는 덕소 쪽 숲에서 잿빛개구리매 암컷을 만났다. 그 이후로 작은 갈대숲을 보기 좋게 정리하여 개방하면서부터 잿빛개구리매의 모습이 보이지 않는다.

참매보다 작은 먹잇감을 사냥하는 새매도 한강을 터전으로 살아간다. 작은 조류를 사냥하는 솜씨가 참 좋은 녀석이다. 말똥가리와 황조롱이 역시 강변의 숲과 갈대밭을 터전으로 살아간다. 하지만 더 강하고 용맹한 상위의 맹금류 때문인지 녀석들이 오랫동안 하늘에서 선회하는 모습은 보기 쉽지 않다.

이처럼 풍부한 먹잇감과 안전한 장소를 제공하는 한강에는 대형 맹금류뿐만 아니라 소형 맹금류도 이곳을 삶의 터전과 사냥터로 이용한다. 한강 주변이 점점 세련되고 깨끗한 공원으로 조성되어 많은 사람이 이용하기 쉽게 변해가지만 새들이 숨어 지낼 공간이 점점 사라져 안타깝다. 이곳 한강을 터전으로 살아가는 동물과 새들이 함께할 때 더욱 풍성하고 생명력 가득한 공간이 되리란 것은 두말할 나위가 없다. 인간의 관점에서만 보는 세련된 공간이 아니라 자연의 주인인 새와 동물이 함께 사는 공간으로, 그들이 안전하게 먹이를 먹고 쉴 수 있는 자연 그대로의 공간으로 만들어야 할 책임이 우리에게 있다.

먹이와 서열

흰꼬리수리의 등장에 놀란 오리들이 퍼드덕 하늘로 날아오른다. 그리고 물고기 한 마리를 사냥한 흰꼬리수리와 언제나처럼 다른 녀석의 먹이 경쟁이 시작된다. 사냥하지 않고 다른 녀석이 사냥하는 것을 빼앗아보자는 속셈인지 종일 나뭇가지에 앉아 기회를 엿보던 녀석이 드디어 나섰다.

먹이를 놓고 치열한 공방전이 오간다. 서로의 발목을 잡고 힘겨루기를 하는 동안 어렵게 잡은 물고기를 놓친다. 흰꼬리수리 두 마리는 여전히 서로의 발목을 잡고 엉켜 있고, 생의 마지막이 될 뻔했던 물고기는 흰꼬리수리의 발톱에서 벗어난다. 서로 맞잡은 발톱을 풀었을 때는 이미 물고기가 물속으로 물방울을 튀기며 들어간 후이다. 흰꼬리수

흰꼬리수리가 등장하면 물 위의 작은 오리들이 일제히 소동을 일으킨다. 그러나 오리들의 빠른 움직임에 흰꼬리수리의 오리 사냥은 실패로 돌아간다.

리의 날카로운 발톱에 물고기는 이미 내장이 터졌거나 물에 떨어질 때의 충격으로 죽었을지도 모르지만, 운이 좋은 녀석이라면 다시 행운의 삶을 살게 될 것이다. 흰꼬리수리들의 전쟁은 그것으로 끝이 나고 각자 산속 정찰지로 돌아간다. 사냥한 것을 지키는 것도, 빼앗는 것도 힘들긴 마찬가지로 보인다.

오후 늦은 시간, 이제 그만 철수할까 하며 돌아가려는 순간 어린 흰꼬리수리가 사냥을 시작한다. 산 그림자가 강물 위로 번져 무척 어둡게 느껴진다. 물고기를 잡은 흰꼬리수리에게 불청객이 따라붙는다. 먹이 탈취를 하려고 나타난 또 다른 흰꼬리수리 어린 새 한 마리이다. 먹이에 대한 경쟁은 치열하다. 평소에는 온순하다가도 먹이를 보면 야생 본능이 살아나는 맹수처럼 강렬하게 남이 사냥한 먹잇감을 빼앗으려 한다.

물고기를 사냥한 녀석도, 빼앗으려는 녀석도 포기할 수 없는 치열한 사투를 벌인다. 물고기 잡은 발을 잡고 먹이를 빼앗으려 하지만, 두 녀석의 다툼으로 발톱에 걸려 있던 물고기가 발톱에서 벗어난다. 그리고 물고기는 다시 물속으로 돌아간다. 강물 위 낮은 곳에서 벌어진 다툼 끝에 아래쪽에 있는 흰꼬리수리 한 마리가 미처 날아오르지 못하고 물에 빠진다. 위쪽에 있는 녀석은 물고기를 놓쳤지만 물에 빠지지는 않는다. 다 잡은 물고기를 놓친 녀석은 얼마나 억울할까?

보통 흰꼬리수리보다 참수리가 서열상 상위라 참수리가 흰꼬리수리의 먹이를 빼앗는

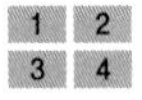

1 물고기를 사냥한 흰꼬리수리의 발목을 다른 녀석이 공격하는 순간 물고기가 흰꼬리수리의 발톱에서 벗어난다.

2 발톱에서 물고기가 빠져나갔다는 것을 흰꼬리수리 두 마리는 아직 모르고 있다.

3 물고기가 발톱에서 사라져 물 위로 떨어지고 있다는 것을 눈치챈 두 마리 흰꼬리수리는 엉켜 있던 발을 풀고 물 위로 낙하하지만…….

4 이미 물고기는 강으로 돌아갔다. 그나마 목숨이 붙어 있는지 물 위로 떠오르지 않는다. 다 잡은 고기를 놓친 두 흰꼬리수리 어린 새는 각자 산으로 돌아간다.

경우가 많다고 알려졌는데, 실제로도 흰꼬리수리가 사냥한 오리나 물고기를 참수리가 빼앗아가는 모습이 많이 관찰된다. 그러나 반대의 경우, 참수리가 물고기를 사냥한 직후 빙판 위나 바위 위로 가지 않고 산속으로 들어갈 때에는 물고기를 움켜쥔 발을 무기로 사용할 수 없다는 사실을 알기라도 하듯 흰꼬리수리가 참수리의 먹이를 가로채려고 공격하는 장면을 자주 본다.

물고기를 사냥해 허겁지겁 산으로 돌아가는 참수리 앞에 흰꼬리수리 한 마리가 길을 막는다. 과감하게 먹이 탈취를 시도하지만 노련한 참수리의 비행에 실패하고 만다.

먹이를 사냥하고 비행하는 경우, 대부분 근처에 있는 참수리 어린 새, 흰꼬리수리 성조, 흰꼬리수리 어린 새가 먹이를 빼앗으려는 행동을 취한다. 그러나 먹이를 가지고 빙판 위나 바위 위에 내려앉아 있으면 서열상 상위의 개체가 먹이에 대한 우선권을 가진다. 이미 한 차례 힘겨루기에서 서열이 정해졌기 때문일 수도 있다.

이곳 한강에서의 최상위 서열자는 당연히 참수리이다. 그리고 한강 참수리 사이의 서열은 아주 분명해 보인다. 왕발이가 최고 서열에 있어 녀석이 먹이를 가지고 있거나 먹

1	2	3
4	5	6

1 물고기를 잡은 흰꼬리수리에게 불청객이 따라붙었다. 사냥이 끝나자 먹이 탈취를 하려고 한 녀석이 물고기를 잡은 발을 붙잡는다.

2 발을 잡고 먹이가 있는지 확인한다. 흰꼬리수리의 먹이 집착은 대단하다. 그래야만 먹이가 부족할 시기에도 살아남을 수 있기 때문이다.

3 흰꼬리수리의 발톱에서 물고기가 빠져나오기 시작한다.

4 빠져나온 물고기는 자유낙하를 하고, 흰꼬리수리들도 물고기를 놓쳤다는 사실을 알아챈다.

5 너무 낮은 곳에서 먹이 쟁탈전을 벌인 탓에 위에 있는 녀석은 비행을 했지만…….

6 아래 있는 녀석은 미처 날아오르지 못하고 차디찬 한강 물에 첨벙 빠진다. 물고기도 한강으로 다시 돌아가고 녀석도 물에 빠져버리고 말았다.

어떤 녀석이 물고기 한 마리를 사냥했지만 왕발이에게 빼앗긴 모양이다. 왕발이는 검댕이 옆으로 내려앉고 검댕이는 지켜볼 뿐이다. 이렇듯 참수리끼리의 연맹은 확고하다. 어쩌면 흰꼬리수리가 사냥한 것을 참수리가 빼앗는지도 모른다.

이를 먹는 동안에는 다른 참수리는 주위에서 지켜보기만 한다. 왕발이가 배가 불러 더 이상 먹이에 대한 관심을 보이지 않을 때까지 먹이 다툼은 일어나지 않는다.

녀석들 간의 서열 관계를 명확히 보여주는 장면을 자주 본다. 이번에도 치열한 먹이 공방전을 벌였겠지만, 내가 녀석들을 찾았을 때는 이미 왕발이가 먹이를 차지한 뒤이다. 왕발이와 검댕이 등, 참수리끼리의 연맹이 확고해 물고기를 사냥하고도 빼앗긴 흰꼬리수리 어린 새는 주변에서 지켜보기만 한다. 어쩌면 사냥한 먹이를 참수리에게 빼앗긴 녀석은 남은 것이라도 얻어먹으려고 주변에서 서성거리는 것은 아닐까?

사냥감 빼앗기

바람이 차갑지만, 견딜 만한 날씨가 이어진다. 한겨울 강변을 걷노라면 운동하는 사람들 대부분 추운 날씨에 온몸을 감싸고 얼굴까지 단단히 동여매 겨우 눈만 보인다. 옷매무새로 어제 만난 사람이라고 짐작만 할 뿐이다. 자전거 길에 내린 눈은 말끔히 치워졌지만 아직 군데군데 얼음이 녹지 않아 자전거를 타는 사람도 거의 없다. 강변 산책로를 따라 가끔 탐조하는 사람을 만나지만 새 사진과 탐조는 같은 듯하면서도 다른 분야이기에 서로 눈인사만 하고 지나친다.

오늘은 팔당대교에서부터 나와 같은 방향으로 한강의 새들을 쌍안경으로 탐조하는 사람이 보인다. 결국 어느 지점에서 그와 마주치겠지.

멀리 바위 위에 앉아 있는 참수리 두 마리가 보인다. 걸어서 이동하는 그와 차로 이동해 주차장에 차를 세우고 참수리를 더 잘 볼 수 있는 장소를 확인하는 나는 참수리가 앉은 바위 앞 강변쯤에서 만날 것 같다.

참수리 두 마리를 한 장소에서 바라본다. 나머지 참수리는 산자락 어디에 있겠거니 하면서 두 마리 가운데 어느 녀석이든 가까이 오기를 기다린다. 며칠 동안 추운 날씨가 이어져 물살이 빠른 곳을 제외하고 한강 대부분이 얼어 있다.

흰뺨오리와 흰죽지, 쇠오리가 무리를 이루어 얼지 않은 물길을 따라 먹이 활동을 하고 있다. 그 무리 중 한 무리에 참수리가 사냥을 시도할 것 같아 물길을 따라 움직이는 오리 무리를 열심히 관찰한다.

먼발치에 앉아 있던 흰꼬리수리 어린 새가 목표물을 찾은 듯 하늘로 날아올랐지만 오리 떼는 아무런 반응도 하지 않는다. '사냥하려는 게 아닌가? 사냥을 할 것 같은데'라고 생각하며 어린 흰꼬리수리를 계속 지켜본다. 멀리 하류로 날아갈 듯이 내게서 점점 멀어져 가던 흰꼬리수리가 갑자기 방향을 돌려 빠른 속도로 조금 전 자기 앞에서 놀고 있던 오리 떼를 덮친다. 오리 대부분은 하늘로 날아올랐지만, 개중에 물속으로 숨은 녀석도 있는지 흰꼬리수리가 공중에서 호버링을 시작한다. 다시 수면으로 내려가는 순간 물방울이 튀자 잠시 물 위로 올라왔던 오리 녀석이 물속으로 들어간다. 수면까지 발을 내린 흰꼬리수리가 다시 공중으로 떠올라 호버링을 한다. 잠시 후 다시 수면으로 내려가는 흰꼬리수리와 물방울이 튀자, 물속으로 다급하게 도망치는 오리가 보인다. 수면 아래와 위에서 삶과 죽음이 한순간의 선택으로 갈라질 운명이다.

1 빙판 위에 앉아 있는 두 마리 참수리는 사이가 무척 좋아 보인다. 그리고 한 마리는 멀리 떨어져 있거나 거리를 두고 앉아 있곤 한다.

2 흰꼬리수리 어린 새가 멀리까지 날아갔다가 돌아오면서 쇠오리 한 마리를 사냥했다. 참수리들이 지켜보고 있는데 과연 흰꼬리수리는 무사히 먹이를 지킬 수 있을까?

1 2 3 4 5

1 왕발이와 흰꼬리수리 세 마리가 사냥감을 탈취하려고 날아올랐다.

2 왕발이의 비행은 그 자체가 위협이다. 발톱을 드러내지도 않고 그냥 흰꼬리수리 주위를 커다랗게 원을 그리며 비행한다. 그 모습만으로도 흰꼬리수리들은 먹이를 버리고 돌아선다.

3 왕발이의 위협에 먹이를 떨어뜨리긴 했지만, 먹이에 대한 미련을 버리지 못한 흰꼬리수리 어린 새가 다시 빙판에 내려앉아 자기 먹이라고 주장한다.

네댓 번의 하강과 상승을 반복하던 흰꼬리수리 어린 새가 승리했다. 물속에서 쇠오리 암컷 한 마리를 건져 올린다. 이제부터는 사냥감을 지키는 것이 더 중요하다. 참수리 두 마리가 멀리서 사냥 장면을 지켜보고 있고, 흰꼬리수리 아성조 세 마리도 사냥의 순간을 지켜보고 있었나 보다. 가장 어린 흰꼬리수리의 사냥을 끝까지 지켜본 녀석들이 가만히 있을 리 없다. 제2의 전쟁을 준비하는 녀석들을 상대로 흰꼬리수리 어린 새의 유일한 선택은 빨리 도망치는 것뿐이다.

사냥감을 움켜쥐고 날아가는 속도는 느릴 수밖에 없다. 아무것도 지니지 않은 추격자들이 빠른 속도로 따라온다. 마음 급한 어린 흰꼬리수리는 사람들이 다니는 산책로 가까이 날아가는 방법을 택한다. 사진을 하는 나와 새를 탐조하러 나선 그에게는 행운의 순간이다. 가만히 있어도 새들이 스스로 찾아오다니, 복이 굴러 들어온 셈이다.

나뭇가지에 조금 가리긴 해도 우리 앞까지 날아온 어린 흰꼬리수리는 참수리 A 왕발이의 위협 비행에 결국 먹이를 빙판 위에 떨어뜨린다. 왕발이는 발톱도 세우지 않고 그

4 왕발이의 위협은 계속된다. 어린 흰꼬리수리는 그래도 자신이 사냥한 먹이를 빼앗길 수 없다는 결연한 각오로 버티기는 하지만 두려움은 떨칠 수 없나 보다.

5 결국 쇠오리를 움켜잡고 당정섬으로 도망쳐 들어간다. 뒤쫓는 왕발이도, 도망치는 흰꼬리수리 어린 새도 나의 시야에서 사라진다.

저 흰꼬리수리를 스치듯 날아갈 뿐이다. 가장 빨리 따라온 왕발이는 날아온 관성력으로 빙판 위의 먹이를 한참 지나쳐 날아간다. 다시 돌아오려면 크게 선회해야 한다. 먹이를 놓친 흰꼬리수리 어린 새는 먹이를 빼앗긴 것이 억울한지 빙판 위에 내려앉아 떨어뜨린 먹이를 움켜쥐고 어쩔 줄 몰라한다.

흰꼬리수리 아성조 두 마리가 흰꼬리수리 어린 새 머리 위로 맴돈다. 멀리 돌아서 다시 날아온 왕발이는 이번에도 발톱으로 위협하지 않는다. 그저 빙판 위의 흰꼬리수리 어린 새 곁을 지나갈 뿐이다. 이내 커다랗게 원을 그리며 한 바퀴 돌아 다시 돌아온다. 먹이를 움켜쥐고 어쩔 줄 몰라하던 흰꼬리수리 어린 새가 다시 날아올랐다. 곧바로 왕발이가 또다시 어린 새 곁을 스쳐 지나간다. 먹이를 향해 발톱을 세우는 행동도, 빼앗으려는 동작도 없이 옆으로 지나가기만 한다.

그 순간을 놓치지 않고 흰꼬리수리 어린 새가 먹이를 움켜잡고 당정섬을 향해 멀리 날아간다. 눈앞에서 펼쳐진 참수리와 흰꼬리수리의 비행 쇼를 홀리듯 구경한 우리 두 사람은 이 쇼의 결말이 궁금했지만 녀석들은 이미 우리의 시야에서 사라졌다. 이렇게 보기 힘든 멋진 장면을 함께 보게 되어 영광이라는 말로 우리 두 사람은 헤어짐의 인사를 대신한다.

그러나 그것이 끝이 아니었다. 흰꼬리수리의 사냥 성공에서부터 현란한 비행 쇼가 끝난 시간은 단 2분 남짓이었다. 11시 30분에 시작된 어린 흰꼬리수리의 사냥 성공, 11시 32분에 퇴장한 참수리와 흰꼬리수리들, 그리고 5분 후인 11시 37분에 왕발이가 오리 사체를 발로 움켜쥐고 빙판 위 식탁으로 날아온다. 게다가 내내 멀리서 지켜만 보던 참수리 B(멋쟁이)가 뒤따른다. 비록 거리가 멀긴 하지만 내가 서 있는 앞쪽에 그들이 이용하는 빙판 위 식탁이 있다. 아무 특징 없는 빙판이지만 어떤 이유인지 벌써 세 번째 같은 장소에서 먹이 먹는 것을 목격하는 순간이다.

두 마리 참수리에 이어 흰꼬리수리 어린 새가 날아와 왕발이 가까이에 내려앉는다. 멀찍이 떨어져 있어야 할 흰꼬리수리 어린 새는 참수리 가까이 다가가 떨어져 나오는 부스러기라도 주워 먹으려 한다. 아마도 사냥에 성공한 그 녀석이 너무 억울해서 평소에는 감히 하지 못할 용감한 행동을 하는 듯하다. 하지만 왕발이는 발톱으로 먹잇감을

1
2
3
4
5
6

1 당정섬으로 사라진 지 5분 후 왕발이가 무엇인가를 움켜잡고 평소 식탁으로 이용하는 빙판으로 날아온다. 그 뒤를 멋쟁이 참수리가 뒤따른다.

2 왕발이의 발에는 쇠오리 사체가 들려 있다. 뒤따라온 흰꼬리수리 어린 새도 빙판에 내릴 준비를 한다.

3 참수리에게서 먹이를 지키지 못한 흰꼬리수리 어린 새가 빙판에 다시 내려앉는다.

4 먹이를 빼앗긴 어린 흰꼬리수리에게 왕발이는 최소한의 예의를 보이는 듯하다. 다른 흰꼬리수리들은 왕발이 근처에도 오지 못하고 먼 곳에서 지켜볼 뿐이다.

5 왕발이는 잡고 있는 먹이를 전혀 나눠주지 않는다. 까마귀가 하듯이 떨어져 나오는 부스러기를 멋쟁이가 하나씩 주워 먹는다. 곁에 있는 흰꼬리수리 어린 새가 부스러기를 먹으려다가 멋쟁이에게 혼이 난다.

6 결국 왕발이는 혼자서 먹이를 다 먹었다. 빙판 주변에는 뜯겨 나간 깃털만이 휘날린다.

움켜쥐고 먹는 데 정신이 팔려 있다. 그 옆에서 참수리 B(멋쟁이)가 먹다 떨어져 나온 부스러기를 주워 먹는다. 하지만 어린 흰꼬리수리의 식탁 참여는 허락하지 않는다.

일인자의 먹이를 넘보는 어린 새

해마다 참수리 어린 새가 한 마리씩 한강에서 발견되는데, 오는 녀석들마다 성격이 다르다. 아직 정착하지 못한 녀석들이라 한강 상류 경안천 일대까지 넓은 지역을 오가면서 팔당지구에는 모습을 잘 드러내지 않지만 2013년 한강에서 어린 참수리 한 마리가 재미있는 일을 만들어낸다.

빙판 위 식탁에서 참수리 성조 두 마리가 먹이를 빼앗아 와서 서열에 따라 식사를 하고 있다. 형체는 잘 보이지 않아 알 수 없지만 작은 먹이를 가지고 와서 먹고 있다. 언제나처럼 까마귀들은 떨어져 나오는 부스러기를 차지하기 위해 참수리 주변을 기웃거린다. 서열상 한참 아래인 흰꼬리수리는 멀리서 지켜보기만 한다.

1 빙판 위 식탁에서 참수리 성조 두 마리가 먹이를 빼앗아 와서 서열에 따라 식사를 하고 있다. 먹이의 형체는 잘 보이지 않는다. 언제나처럼 까마귀들이 떨어져 나오는 먹이를 차지하려고 참수리 주변을 기웃거린다.

2 뒤늦게 먹이가 있다는 사실을 알아챈 참수리 어린 새가 날아온다. 먹이를 보면 서열도 잊고 덤벼드는 어린 참수리라 참수리 성조 A 왕발이는 더 이상 가까이 다가오지 말라고 경고한다.

3 먹이 앞에서는 싸움도 마다하지 않는 참수리 어린 새에게는 무서움이 없다. 결국 슬금슬금 다가오기 시작하자 서열 1위인 왕발이는 자신이 가장 서열이 높다는 것을 재차 주장한다.

4 왕발이의 경고에도 참수리 어린 새는 아랑곳하지 않는다. 결국 왕발이의 공격이 시작된다.

5 도망가지 않고 근처에 다시 내리는 척 어린 참수리가 멋쟁이에게 공격을 가한다.

6 두 마리 참수리의 공격이 이어지자 참수리 어린 새는 약간 거리를 두었으나 딴청을 피우며 슬금슬금 참수리 성조에게로 다가선다. 참수리 성조 두 마리는 그런 어린 새를 여전히 경계하고 있다.

뒤늦게 먹이가 있다는 사실을 알아챈 어린 참수리가 날아온다. 이미 여러 차례 먹이 앞에서는 서열도 잊고 덤벼드는 녀석인지라 왕발이는 녀석에게 더 이상 가까이 다가오지 말라고 경고한다. 그러나 먹이 앞에서는 싸움도 마다하지 않는 참수리 어린 새에게 무서움이란 없다. 결국 슬금슬금 참수리들에게 다가가자 왕발이는 자신이 가장 서열이 높다는 것을 다시 한 번 주장한다. 하지만 전혀 아랑곳하지 않고 참수리 어린 새는 계속 다가간다. 왕발이는 어린 새를 쫓아내려고 날아올라 공격을 해보지만 오히려 어린 새는 참수리 식탁으로 더 파고든다. 옆에서 가만히 지켜보던 참수리 B(멋쟁이)까지 날아오르고 나서야 평온을 찾는다. 그러나 진정한 평온일까? 조금 떨어진 곳에 앉은 어린 새가 딴 곳을 보는 척하면서 슬금슬금 두 참수리에게로 다가서자 왕발이와 멋쟁이는 그런 어린 새를 바라보며 경계를 늦추지 않는다.

이미 먹이는 거의 다 먹은 상태라 특별히 재미있는 상황은 일어나지는 않겠지만 언제 어떤 일이 일어날지 몰라 녀석들의 모습을 지켜본다. 하지만 아내가 일을 일찍 마치는 토요일이다. 두 시가 넘자 전화가 온다. 집에 돌아가야 할 시간이다. 아쉬움을 뒤로하고 그 자리를 떠난다.

어린 참수리의 먹이 쟁탈

오전 내내 기다려도 움직이지 않던 참수리 한 마리가 나를 향해 날아온다. 참수리 B(멋쟁이)가 논병아리를 사냥했다. 잠수성 오리에 속하는 논병아리는 가족 단위로 다니는데 하늘을 나는 것보다 물속으로 숨는 실력이 더 뛰어나다. 이 녀석을 사냥하기가 쉽지 않다. 참수리가 사냥하려고 몇 번이나 사냥감을 향해 내려가면 녀석은 물속으로 들어가 버린다. 나올 위치를 짐작해 참수리가 날개를 퍼덕이며 한 곳을 지키고 있으면 다른 곳으로 쏙 나왔다가 다시 들어가는 것이 마치 두더지 게임과 비슷하다.

멋쟁이가 사냥한 논병아리의 사연은 알 수 없으나, 한겨울 가끔 몸이 성치 않은 오리들을 만날 때가 있다. 병들었거나 몸이 약한 녀석, 또는 경험이 부족한 어린 논병아리이다. 이런 녀석을 만난 것일까? 멋쟁이는 논병아리 한 마리를 움켜잡고 있다. 저 멀리 앉아 있는 참수리는 아무 움직임도 보이지 않는다. 이미 먹이를 충분히 먹어 배가 불렀기 때문일까, 멋쟁이는 사냥감을 가지고 자주 식탁으로 이용하는 한강의 가운데 빙판 위에 내려앉는다.

그러나 어디서 이 모습을 지켜보고 있었는지 참수리 어린 새가 모습을 드러낸다. 참수리가 흰꼬리수리에게서 먹이를 빼앗을 때처럼 참수리 어린 새는 먹이를 들고 있는 멋쟁이를 향해 곧장 날아간다. 그 자리에 그대로 있으면 한바탕 먹이 쟁탈전이 벌어질 것을 예상했는지 멋쟁이는 논병아리를 움켜쥐고 어린 참수리에게서 도망치려 한다. 한강을 가로질러 예봉산 자락으로 가려는 모양이다.

잡은 논병아리를 꽉 움켜쥐고 몸통에 딱 붙이고는 참수리 어린 새에게 따라오지 말라고 캐액캐액 소리를 지르며 날아오른다. 이제껏 참수리를 따라다니면서 녀석의 울음소리를 들은 것은 이번이 처음이다. 녀석은 먹이를 빼앗기지 않겠다는 강한 결의에 차 있는 듯하다. 강변 의자에 앉아 있는 나를 향해 곧장 날아온다. 지나다니는 사람도, 카메라도 무시하고 산으로 가는 최단 거리로 이동한다. 한강을 선회하며 충분히 고도를 높일 여유가 없는지 직선거리로 고도를 조금씩 높이며 나를 향해 오고 있다.

내가 카메라를 드는 순간에도 녀석은 그런 것에는 관심없다는 듯이 곧장 나에게로 온

다. 카메라 파인더에 다 들어가지도 않아 날개가 잘려나갈 정도로 바로 머리 위 가까이 지나간다. 먹이에 대한 강한 집념은 인간에 대한 두려움도 잊게 하는가 보다.

'고맙다, 어린 참수리야. 다 네 덕분이야. 앞으로도 종종 부탁한다.'

하지만 아직 전쟁은 끝나지 않았다. 예봉산 자락에서 어린 새의 추격전과 공중전은 계속된다. 숱한 경쟁을 견뎌냈을 멋쟁이는 화려한 비행 기술을 선보인다. 어린 참수리가 잡을 듯이 뒤에 붙으면 곧장 방향 틀어 녀석을 따돌린다. 그러면 어린 참수리도 같은 방법으로 멋쟁이에게 따라붙는다.

예봉산 자락 위 상당한 거리에 있음에도 멋쟁이의 울음소리가 희미하게 들려온다. 자신의 새끼인 것은 아닐까? 새끼가 어미에게 먹이 달라고 따라다니면서 비행술을 배우는 것처럼 보인다. 매의 새끼가 어미를 따라가면서 먹이를 달라고 소리치는 것과는 다른 모습이다.

지금 이 상황은 성조가 소리치고 있으니, 분명 내 것 넘보지 말라는 뜻일 게다. 한참을 따라다니던 참수리 어린 새는 아무런 소득도 얻지 못한 채 결국 먹이를 포기하고 다시 한강 빙판 위로 돌아온다. 어린 참수리에게는 앞으로 숱하게 치러야 할 생존경쟁에 대한 값진 경험이었을 것이다. 승자인 참수리 B(멋쟁이)는 산속 어딘가에서 먹이를 즐기고 있으리라.

며칠 동안 참수리 어린 새의 모습이 보이지 않는다. 그리고 다시 만난 곳은 검단산 자락이다. 검단산 자락에서 흰꼬리수리 성조가 사냥에 성공했다. 그 모습을 지켜보며 가장 빨리 날아온 것은 참수리 성조이다. 물고기를 사냥한 흰꼬리수리는 검단산 산속으로

←… 참수리 B(멋쟁이)가 논병아리를 사냥했지만 참수리 어린 새에게 사냥하는 장면을 들켰다. 그러자 먹잇감을 들고 산으로 향하는 지름길로 재빨리 날아간다.

어린 참수리는 예봉산 위에서도 추격전을 계속한다. 멋쟁이를 따라하는 듯한 동작들은 마치 수영의 싱크로나이즈드를 하늘에서 펼치는 듯하다.

들어가려 하지만 강변 언덕 부근에서 참수리의 공격을 받는다. 호락호락 당할 흰꼬리수리가 아니다. 이미 다 자란 성조이고, 많은 실전 경험을 터득했기에 참수리의 위협 비행에도 먹이를 놓치고 않고 잘 지켜낸다. 오히려 행동반경이 짧은 것이 유리하게 작용해 참수리를 금방 따돌린다.

그러나 아직 쟁탈전은 끝나지 않았다. 참수리 성조가 실패하는 것을 본 참수리 어린 새가 그 순간을 놓칠 리 없다. 흰꼬리수리는 이미 한 차례 비행에서 체력이 떨어졌는지 기회를 엿보던 어린 참수리가 악착같이 공격하자 어쩔 수 없이 물고기를 빼앗기고 만다. 이 시즌의 어린 참수리는 유독 먹이에 대한 집착이 강하다. 그래서 먹이가 있으면 참수리 성조들보다 더 가까운 거리를 허용하기도 하고, 참수리 성조와의 경쟁도 마다하

지 않는다.

함께 있으면서 먹이 다툼이 벌어지면 먹이를 빼앗길 때도 있지만, 오히려 쉽게 먹이를 얻을 수도 있다. 가끔 아침 시간과 저녁 시간에 참수리와 흰꼬리수리 몇 마리가 한자리에 모일 때가 있다. 마치 일과를 시작하거나 하루 일을 마치면서 서로의 안부를 확인하듯이 보인다. 오후 시간에 녀석들이 어느 한곳에 모두 모여 있지 않을까 하여 찾아 나선다. 저 멀리 강변 빙판 위에 흰꼬리수리들이 옹기종기 모여 있다. 녀석들이 모여서 날개를 접고 있으면 먹이 다툼이 끝난 상태이거나 서열이 높은 녀석이 무엇인가를 먹고 있는 상황일 텐데, 이번에는 날개를 펴고 날아오르는 녀석도 있고 한 녀석은 무엇을 먹고 있는 것 같아 더 가까이 다가간다.

사냥에 성공한 흰꼬리수리 성조를 멀리서 지켜보던 참수리가 먹이를 빼앗으려고 공중전을 시작한다. 호락호락 당할 흰꼬리수리가 아니다. 이미 다 자란 성조이고, 많은 실전 경험을 터득하였기에 참수리의 위협 비행에도 먹이를 놓치고 않고 잘 지켜낸다.

먹이를 먹고 있는 녀석의 모습이 다른 녀석들과 다르다. 노란 부리를 보니 참수리 어린 새이다. 녀석은 물고기 한 토막을 차지해 먹고 있다. 과연 자기가 잡은 것일까, 아니면 다른 녀석이 잡은 것을 빼앗아 먹는 것일까? 흰꼬리수리가 잡은 물고기를 빼앗아 먹는 것이란 생각이 먼저 든다. 이 시즌에는 녀석이 사냥하는 모습을 한번도 본 적이 없고 벌써 여러 번 남의 먹이를 탐하는 모습으로 보건대 이번에도 그랬을 것 같다.

참수리 어린 새 한 마리, 흰꼬리수리 성조 두 마리, 그리고 흰꼬리수리 어린 새 한 마리 이렇게 네 마리가 모여 있다. 먹이를 놓고 벌이는 경쟁은 먹이를 가진 녀석만 그 대상이 아니다. 먹이를 먹고 있는 어린 참수리 가까이 흰꼬리수리 성조 두 마리가 차례를

기회를 엿보던 참수리 어린 새(두 사진에서 모두 오른쪽 아래)의 악착같은 공격에 흰꼬리수리도 어쩔 수 없이 참수리 어린 새에게 물고기를 빼앗기고 만다. 먹이에 대한 집념만큼은 참수리 어린 새를 당할 수 없다.

기다리고 있다. 이때 흰꼬리수리 어린 새가 뒤늦게 먹이가 있다는 것을 알고 날아온다. 흰꼬리수리 성조 한 마리가 경쟁자가 늘어나 화가 났는지 뒤늦게 날아온 어린 흰꼬리수리를 공격한다. 다가오던 어린 흰꼬리수리가 화들짝 놀라 주춤하는 사이 먹고 있던 어린 참수리도 깜짝 놀란 모양이다. 어린 참수리는 배가 불렀는지, 아니면 더 이상 못 먹겠다는 듯 먹이를 놓고 슬그머니 물러난다.

이제는 참수리 어린 새가 남긴 먹이를 놓고 흰꼬리수리 사이에 경쟁이 벌어진다. 흰꼬리수리 성조와 어린 새가 주도권을 다투는 사이, 뒤에서 가만히 기회를 노리고 있던 두 번째 흰꼬리수리 성조가 가볍게 날아오르며 먹이를 낚아채 날아간다.

1 먹이를 먹고 있는 참수리 어린 새 가까이 흰꼬리수리 성조 두 마리가 차례를 기다리고 있다. 뒤늦게 흰꼬리수리 어린 새 한 마리가 먹이가 있다는 것을 알고 날아온다.

2 참수리 어린 새는 물고기를 움켜쥐고 자기 것이라 주장한다. 정말 자기가 잡았을까?

3 흰꼬리수리 성조 한 마리가 뒤늦게 날아온 흰꼬리수리 어린 새에게 왜 여기 왔느냐며 해코지하듯 덤벼든다.

4 놀란 것은 흰꼬리수리 어린 새뿐만 아니라 먹이를 먹던 참수리 어린 새도 깜짝 놀란다.

5 참수리 어린 새는 배가 불렀는지 아니면, 흰꼬리수리들의 경쟁에 놀랐는지 먹이에서 물러난다.

6 참수리 어린 새가 남긴 먹이를 놓고 흰꼬리수리 성조와 흰꼬리수리 어린 새가 주도권 다툼을 벌이고 있다.

7 뒤에서 가만히 기회를 노리던 흰꼬리수리 성조가 가볍게 날아오르며 먹이를 낚아채고 날아간다.

8 힘겨루기를 하던 두 마리가 알아챘을 때는 쫓아가기에는 이미 늦었다는 것을 알았는지 먹이를 낚아챈 녀석을 뒤쫓지 않는다.

9 먹이를 놓고 어린 흰꼬리수리와 다툰 흰꼬리수리 성조는 화가 치미는지 아직 날아가지 않고 저 만치 앉아 있던 참수리 어린 새에게 덤벼들어 먹이를 잃은 것에 분풀이를 시작한다.

10 흰꼬리수리의 분풀이성 공격이 계속 된다.

11 흥미를 잃은 참수리 어린 새는 더 이상 이곳에 머물 이유가 없다. 흰꼬리수리의 공격에도 별 대응을 하지 않는다.

12 참수리 어린 새는 조용히 날아올라 흰꼬리수리에게서 멀어져 간다.

힘겨루기를 하던 두 마리가 알아챘을 때는 쫓아가기에는 이미 늦은 걸까, 추격할 생각은 하지 않고 멍하니 바라보기만 한다.

먹이를 놓고 어린 흰꼬리수리와 다투던 흰꼬리수리 성조는 화가 치미는지 그때까지 거리를 두고 앉아 있는 참수리 어린 새에게 덤벼들어 먹이를 잃은 것에 대한 분풀이를 시작한다. 참수리 어린 새가 먹이를 가지고 있을 때 좀 더 용감하게 대응할 것이지, 이미 지난 일에 분풀이해봐야 소용없을 텐데 흰꼬리수리 성조의 공격은 계속된다. 이미 얻을 것은 다 얻었고, 더 있어 봐야 얻을 것이 없다는 것을 알았는지 어린 참수리는 조용히 그 자리를 떠난다.

그렇게 참수리 어린 새는 떠났다. 남은 흰꼬리수리들은 무엇을 할까? 이미 저녁이 되어 더 이상 사냥할 수도 없어 배고픈 밤을 보내야 할지도 모른다. 한 마리씩 자리를 떠나 바위로 이동한다.

먹이를 먹지 못해 화가 덜 풀렸는지 흰꼬리수리 어린 새가 다른 흰꼬리수리 어린 새를 맹렬히 공격한다. 아직 자신들끼리 서열 관계가 정해지지 않은 것일까? 그러나 이미 서열 관계는 정해진 것 같다. 상대는 그저 피하기만 한다. 그럼에도 녀석은 계속 따라다니면서 공격한다. 마치 자기보다 약한 상대를 괴롭히는 본능에 충실함과 동시에 약한 녀석을 상대로 앞으로의 생존경쟁에서 치러야 할 싸움 기술을 터득하려는 것 같다. 마치 인간 세상의 단면을 보는 것 같아 씁쓸하다.

서열 관계가 명확한 녀석들 간의 경쟁일까? 유독 한 녀석만 괴롭히는 녀석이 있다.

힘보다 속도

최상위 포식자라 해도 언제나 안심할 수 있는 것은 아니다. 수리수리 사업으로 뿌려진 먹이를 채 가는 갈매기에게서 흰꼬리수리 성조가 먹이를 빼앗았지만, 멀리서 지켜보던 참수리에게 들켰다. 참수리 C(검댕이)는 아주 빠른 속도로 날아와서 흰꼬리수리에게 먹이를 포기하라고 위협 비행을 시작한다. 아무리 노련한 흰꼬리수리라 해도 참수리의 위협 비행에 두려움을 느낀 나머지 먹이를 빙판 위에 떨어뜨리고 만다.

이제 남은 일은 검댕이가 먹이를 움켜쥐기만 하면 된다. 그러나 몸집이 커 정확하게 먹이 위에 내려앉지 못하고 멀리 떨어져 내려앉는다. 그 짧은 순간의 기회를 놓치지 않고 흰꼬리수리 성조의 반격이 시작된다. 먹이 앞에 정확히 내려앉지 못한 참수리 주변을 선회하던 흰꼬리수리가 먹이를 향해 날아간다.

이미 자신의 먹이로 확신했던 검댕이는 느긋하게 다가가기만 하면 된다고 생각한 모양이다. 다시 날아오는 흰꼬리수리 성조를 보았을 때는 이미 늦었다. 먹이를 낚아채는 흰꼬리수리를 막으려고 뛰어올라 먹이를 지키려고 하지만 거리가 너무 멀다. 먹이를 정확히 낚아채 날아가는 흰꼬리수리 성조를 보면서 검댕이는 먹이에 대한 집착을 포기하고 만다. 덩치가 큰 탓에 날아가려면 미끄러운 빙판 위에서 몇 번의 도움닫기가 필요하고, 한참을 날아가 따라잡기에는 에너지 소비가 크고, 거리도 너무 멀다고 느끼는 모양이다. 흰꼬리수리 성조의 빠른 민첩성이 참수리의 힘을 이기는 순간이다.

먹이를 가졌다고 방심해서는 안 되는 것이 야생의 세계이다. 더 강하거나 더 민첩한 녀석의 도전이 언제 어디서든 일어날 수 있기 때문이다. 오늘의 승자는 민첩성이 더 뛰어난 흰꼬리수리이다. 자연의 세계에서는 늘 강자만 이기는 것도 아닌가 보다.

흰꼬리수리들의 다툼 그리고 참수리

방학 중에 연수를 받느라 가끔 참수리들과 멀어지기도 한다. 여전히 일찍 어둠이 깔리는 1월 초, 연수가 끝나자마자 곧장 한강으로 향한다. 탐조를 시작한 지 얼마 되지 않아 한강 상공 먼 곳에서 하얀 물체가 아주 빠른 속도로 하강하는 모습을 보고 그곳으로 달려간다.

늦은 오후, 그늘이 지기 시작하는 시간이라 어디에 내렸는지 보이지 않는다. 근처에서 큰고니를 담고 있는 분께 혹시 참수리를 보지 못했느냐고 물어보지만 참수리라는 새 자체를 모르는 듯하다. 어두운 그림자가 깔린 주변에 많은 바윗돌을 유심히 살펴보자 참수리와 흰꼬리수리들이 옹기종기 모여 있는 모습이 조그맣게 보인다. 흰꼬리수리 다섯 마리와 참수리 B(멋쟁이)이다. 한강의 최상위 포식자인 참수리가 소심하게 흰꼬리수리가 먹이 먹는 모습을 지켜보고 있다.

어쩌면 예민한 참수리가 그곳에 내려앉아 있는 것만으로도 엄청난 모험을 하고 있다는 생각이 든다. 찻길과 아주 가깝고 산책길을 오가는 사람들, 사진 담는 사람 등 참수

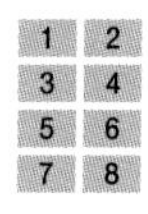

1 참수리의 위협 비행에 두려움을 느낀 흰꼬리수리는 먹이를 얼음판 위에 떨어뜨린다.
2 흰꼬리수리가 떨어뜨린 먹이에 다가가 발톱으로 잡으면 끝이란 생각에서 참수리가 느긋하게 행동한 탓에 뜻밖의 상황이 벌어진다.
3 먹이를 버리고 도망갔으리라 생각했지만, 흰꼬리수리는 어느새 먹이를 향해 돌아오고 있다.
4 흰꼬리수리를 발견하고 먹이를 잡기 위해 참수리가 뛰어오를 때는 이미 늦었다.
5 재빨리 먹이를 움켜쥔 흰꼬리수리는 날아온 속도 그대로 비행할 수 있지만 참수리는 몇 번의 도약을 거쳐야 한다.
6 참수리가 날개를 퍼덕이며 마치 흰꼬리수리를 따라갈 듯이 보인다.
7 참수리는 날갯짓만 할 뿐 더 이상 흰꼬리수리를 추격하지 않는다.
8 야생의 세계에서는 이렇듯 순간의 방심으로 먹이를 빼앗기는 상황이 종종 벌어진다.

그늘이 지기 시작한 한강에 참수리가 날아간다.

리에게는 불안 요소가 가득한 곳이다.

흰꼬리수리가 날개를 펴서 먹이를 가리고 먹는다. 이런 동작은 맹금류에게 자주 나타나는 행동으로, 황조롱이 새끼도 먹이를 받아서는 날개를 반쯤 펼쳐 먹이를 가리고 먹는다. 다른 녀석들이 먹이를 볼 수 없게 하는 동시에 먹이 주변에 모여든 상대에게 자신이 크고 강하다는 것을 보여주어 먹이를 훔쳐갈 생각을 못 하게 하는 행동이다.

흰꼬리수리 어린 새의 식사에 상위 서열의 흰꼬리수리 성조도, 참수리도 기다린다. 한강에서 이런 장면을 본 적이 없다. 참수리가 차례를 기다리며 흰꼬리수리 옆에 가만히 있다니? 몇 년을 보았지만 이런 모습은 처음이다. 흰꼬리수리 몇 녀석이 날개를 퍼덕이며 뛰어오르지만 먹이를 가진 어린 흰꼬리수리는 전혀 빼앗길 생각이 없는 듯하다. 몇 번의 도전을 모두 물리치고 꿋꿋이 먹이를 지키고 있다. 옆에서 지켜보던 흰꼬리수리 한 마리가 물속에 발을 담그면서까지 떨어져 나오는 부스러기를 주워 먹으러 내려선다.

먹이를 빼앗으러 내려왔지만 강력한 흰꼬리수리 어린 새의 저항에 당황한 참수리는 몸을 돌려 내내 한강의 다른 곳만 응시한다. 녀석의 모습이 우습다. '나는 먹이에 관심 없어. 이미 배가 부르거든. 흰꼬리수리들이 모여 있어 그냥 한 번 내려와 봤어' 하는 듯한 무관심에 픽 웃음이 나온다. 그러나 먹이가 점점 줄어듦에 따라 그 인내심도 점점 옅어진다. 큰 날개를 퍼덕이며 흰꼬리수리 옆에 내려앉는다.

최상위 포식자의 등장에 내내 긴장했을 어린 흰꼬리수리가 깜짝 놀라 머리와 몸통 일부분만 남은 흰뺨검둥오리의 사체를 움켜쥐고 날아올라 도망친다. 부스러기 몇 점 남지 않은 바위 위에 참수리는 남고, 흰꼬리수리 네 마리는 먹이를 가지고 도망가는 어린 흰꼬리수리를 추격하기 시작한다.

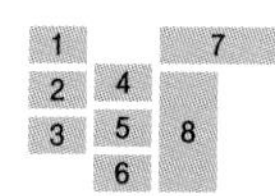

1 어린 흰꼬리수리가 먹이를 먹고 있다는 것을 알고 흰꼬리수리들이 하나둘씩 모여든다.

2 흰꼬리수리 어린 새가 날개를 펴서 먹이를 감춘다. 그리고 상대에게 자신이 크고 강하다는 것을 표시한다.

3 먹이의 유혹에 참지 못한 흰꼬리수리 한 마리가 먹이를 빼앗으려고 날개를 펼친다.

4 참수리의 출현에 당황했을 수도 있지만, 먹이를 빼앗길 마음이 전혀 없다는 듯이 모든 공격을 막아낸다.

5 참수리는 먹잇감에서 몸을 돌려 마치 관심없는 듯 행동한다.

6 먹이 한 점 얻지 못한 흰꼬리수리가 다시 바위로 돌아온다.

7 결국 먹이의 유혹에 참지 못한 참수리가 먹이를 가진 흰꼬리수리 어린 새에게 한발 다가선다.

8 흰뺨검둥오리의 머리와 몸통 일부분만이 남은 먹이를 들고 도망치는 흰꼬리수리 어린 새와 이를 뒤쫓는 흰꼬리수리 성조의 싸움이 시작된다. 여전히 흘러내리는 흰뺨검둥오리의 핏방울이 튀어오른다.

어린 새가 하늘을 나는 순간 한쪽 발을 사용할 수 없다는 것을 너무 잘 아는 흰꼬리수리들의 추격전이 시작된다. 어린 흰꼬리수리 옆에서 먹이 먹는 모습을 지켜보던 흰꼬리수리 아성조 녀석이 가장 먼저 뒤따라 날아간다. 먹이를 가진 자는 한 발이 자유롭지 못하고 먹이의 무게까지 더해져 빨리 날지 못한다.

하늘로 날아가봐야 싸움에 불리하다는 것을 아는 흰꼬리수리 어린 새는 조금 전 바위에서 위세 부리던 상황을 다시 보여주려고 가까운 바위 근처로 날아간다. 추격하는 녀석들이 발톱을 세우고 뒤따라오고 있다는 생각에 성급하게 착륙을 시도하다가 바위 바로 앞에서 물에 빠지고 만다.

바로 뒤따르던 녀석은 물에 빠진 녀석을 공격해도 소용없다는 것을 아는지 바위 위에 올라선다. 먹이를 움켜쥐고 물에 빠진 녀석이 날개를 퍼덕이며 바위로 올라가려 하지만 먹이를 노리고 뒤따르는 녀석이 한둘이 아니다.

앞선 녀석이 1차 공격이었다면 곧이어 다른 녀석의 2차 공격이 시작된다. 예리한 눈으로 어린 흰꼬리수리가 움켜쥔 물속 오리를 노려보면서 마치 물고기를 사냥하듯이 발을 내려 어린 새의 발목을 잡고 오리를 빼앗으려 한다. 어린 녀석은 물을 등지고 누워 최대한 방어 자세를 취한다.

마치 하늘에서 벌어지는 공중전을 보는 듯한 치열한 먹이 쟁탈전이 물속에서 벌어진다. 물방울이 사방으로 튀고 날개를 퍼덕이며 흰꼬리수리 두 마리가 엉켰다가 다시 떨어지는 공방전이 펼쳐진다. 2차 공격을 퍼부은 녀석은 아무것도 얻지 못하고 물 위로 올라오고, 1차 공격을 퍼부은 녀석은 결과가 어떻게 되었는지 이미 눈치챘다. 먹이를 움켜쥐고 치열한 공방전을 벌인 녀석이 결국 오리 사체를 놓쳤다. 물속에서 주인 없는 오리 사체가 서서히 떠오른다.

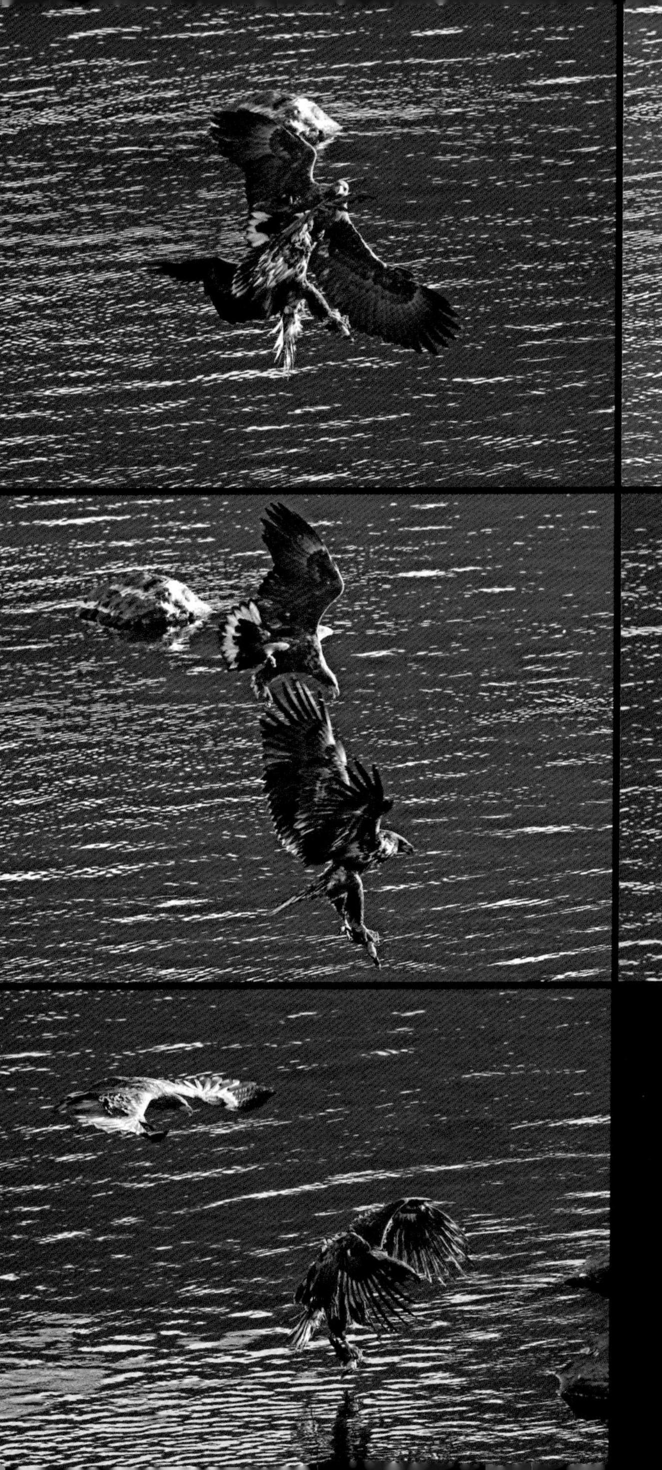

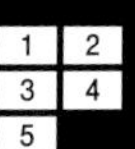

1 흰꼬리수리 아성조의 추격전이 시작된다. 하늘로 날아오르는 순간부터 먹이를 가진 녀석은 한쪽 발이 부자연스러워 불리한 처지에 놓인다.

2 공격하는 녀석의 눈은 줄곧 먹잇감에 꽂혀 있다.

3 수비하는 어린 흰꼬리수리는 방금 전처럼 얼른 바위 위에 내려앉아 날개를 펼치고 먹이를 사수하려는 생각에 마음이 몹시 다급하다.

4 먹이를 앞에 놓고 벌이는 치열한 추격전으로 사람에 대한 두려움을 잊었는지 나와 점점 더 가까워진다.

5 흰꼬리수리 어린 새는 바위 위에 내려앉으려고 악착같이 애를 쓴다.

6	7
8	9
10	

6 어린 새는 바위 바로 앞에서 물에 빠지고 만다. 먹이를 가진 녀석에게는 치명적인 실수이다.

7 뒤따르던 녀석은 이미 바위로 올라섰고 그 뒤를 따르던 또 다른 녀석이 먹이를 가진 녀석을 공격한다.

8 공격하는 녀석은 먹이에 시선을 고정한 채 달려든다.

9 한쪽 발을 내려 먹이를 움켜잡은 어린 새 발 쪽으로 다가가고 눈은 먹잇감을 찾고 있다.

10 물속에서는 서로의 발을 걸고 치열한 싸움이 벌어지고 있을 것이다.

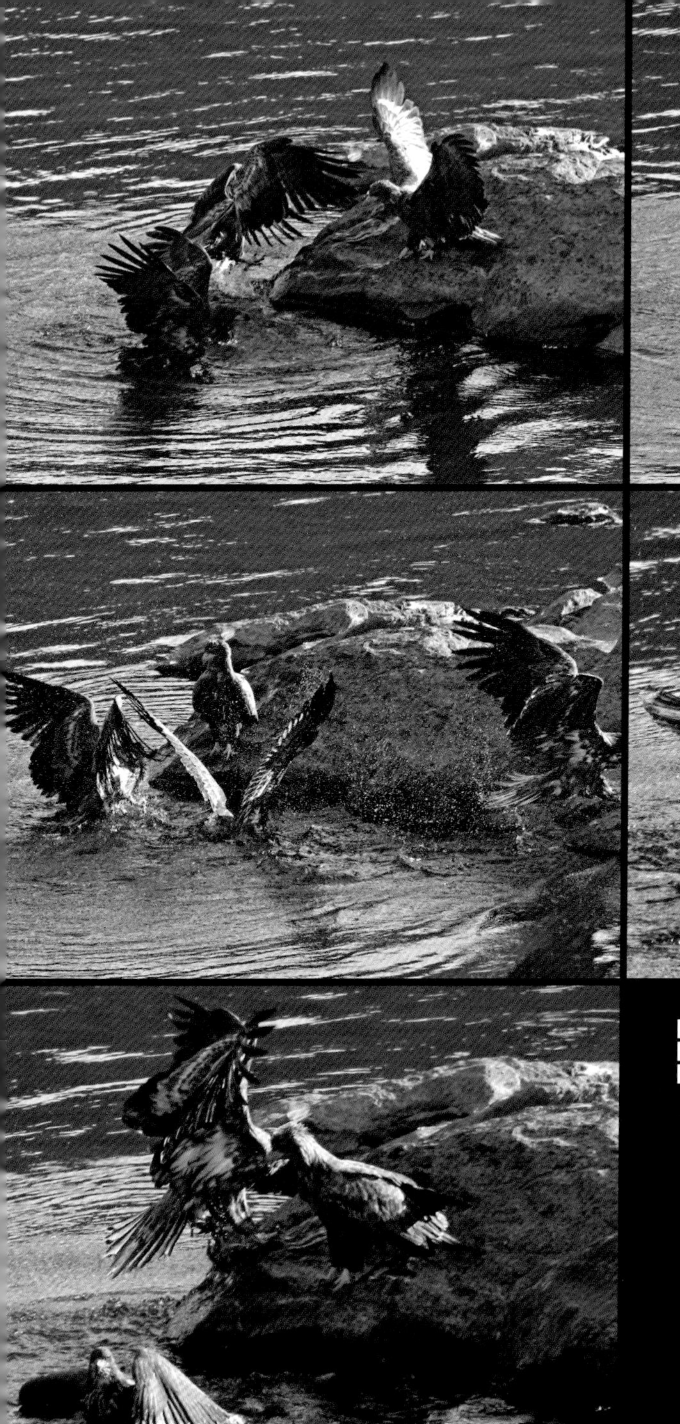

11	12
13	14
15	

11 치열한 공방전을 벌였지만 두 녀석 모두 먹이를 놓쳤다. 물 밖의 녀석이 결과를 확인하려고 날개를 퍼덕이며 다가온다.

12 녀석의 날갯짓을 보니 먹이의 행방이 묘연한 듯하다.

13 먹이를 놓친 흰꼬리수리 어린 새는 물 밖으로 나가고 한 차례 물에서 전쟁을 치른 녀석이 다시 물속으로 뛰어든다. 하지만 마지막으로 날아오면서 먹이의 위치를 확인한 흰꼬리수리가 가장 유리하다.

14, 15 결국 먹이를 낚아챈 최종 승자는 마지막에 나타난 녀석이다. 가장 오랫동안 공방전을 벌였던 녀석은 아직 물속에 있다.

이제 다시 3차 공방전이 펼쳐진다. 최초의 주인인 흰꼬리수리 어린 새는 이제 막 물속에서 벗어나 바위로 올라왔고 2차 공격을 이어간 녀석도 바위 위에 올라서자마자 다시 3차 전쟁을 치를 준비를 한다. 1차 공격을 한 녀석은 물속에 빠지기 싫은지 날개만 퍼덕이며 물속의 상황을 확인하고는 바위 위에서 자리를 지킨다.

하지만 먹이를 보고 마지막에 날아오던 녀석이 유리한 고지를 차지한다. 2차 공격을 한 녀석이 바위 위에 올라섰다가 다시 날아오르는 사이에 유리한 기회를 놓치고 만다. 가장 늦게 나타난 3차 공격자가 물속에 뛰어들어 다시 물방울을 튀기며 몸싸움을 벌인 결과 최후의 승자가 되었다. 이것으로 먹이 전쟁은 끝이 났다.

녀석들과는 달리 나에게는 아직 전쟁이 끝나지 않았다. 잠시 흰꼬리수리들의 먹이를 둘러싼 공방전을 재미있게 보았지만 내 관심사는 홀로 남겨진 참수리에게 가 있다. 참수리는 바위 위에 남겨진 부스러기 몇 점을 주워 먹었다. 하지만 그래 봐야 얼마나 되겠는가? 카메라는 참수리를 향하고 있지만, 혹시나 흰꼬리수리들이 다시 먹이 다툼을 시작하지 않을까, 연신 곁눈질로 살핀다.

가장 좋은 시나리오는 참수리가 흰꼬리수리들 사이로 들어가 먹이 공방전을 펼치는 것이지만, 멋쟁이 참수리는 그럴 수가 없다. 처음 먹이를 든 어린 흰꼬리수리가 나름 영리한 방법으로 위기를 모면했던 것 같다. 의도했다기보다는 우연이겠지만, 먹이를 움켜잡고 내가 있는 쪽으로 가까이 날아왔던 것이다. 처음 먹이를 먹었을 때는 거리가 약 200미터 떨어졌고, 그 후 50미터 정도 나에게로 더 다가온 상태라 예민한 참수리에게는 부담스러운 거리였다. 먹이를 먹던 장소 역시 참수리가 불안해하며 벌써 날아갔어야 할 거리인데도 날아가지 않은 것은 먹이에 대한 미련이 상당했기 때문이리라.

나는 몸을 최대한 숨긴다고 낮은 자세로 불편하게 앉아 있지만 몸을 숨길 만한 장소

남은 부스러기 하나 보이지 않은 바위 위에 앉은 참수리는 지금 무슨 생각을 할까? 한참을 앉아 있다 날아오른다.

도 아니기에 녀석은 이미 나의 존재를 눈치챘을 것이다. 참수리보다 흰꼬리수리들이 하나씩 자리를 떠나간다. 하지만 카메라를 흰꼬리수리에게로 돌릴 수가 없다. 이미 먹이 쟁탈은 끝난 듯, 한 마리씩 차례로 날아가 버린다. 먹이를 가지고 있는 녀석이 마지막으로 날아간다. 먹이를 움켜쥐고 날아갈 때가 기회일 텐데 참수리는 그런 흰꼬리수리의 뒷모습만 보고 어떤 행동도 취하지 않는다.

흰꼬리수리들이 다 날아가고 이제는 참수리만 남았다. 어린 흰꼬리수리가 먹이를 먹던 바위 위에 한참을 앉아 있던 참수리가 날아오른다. '이제 산으로 가려나 보다' 하고 생각하며 나도 참수리에게서 해방된다고 생각하니 기분이 좋아진다. 그러나 바위를 박차고 날아오른 참수리가 고도를 조금 높이다가 다시 다른 바위 위에 내려앉는다. 그리고 다시 날아오르며 그 위를 선회한다. 마치 먹이에 대한 집착이 남은 듯 몇 번을 왔다 갔다 하면서 내 앞을 날아다닌다. 나야 녀석이 오래 있을수록 좋지만 녀석의 마음을 알 수 없어 답답하기만 하다.

인간처럼 새들도 성격에 따라 다양하게 반응하는 것을 보면서 동물 역시 여러 감각 기능을 이용해 나름의 판단을 내리고, 또한 인간처럼 슬픔, 기쁨, 분노와 같은 감정을 지녔음을 다시 한 번 느낀다. 스스로에게 굉장히 엄격해 피 한 방울도 나오지 않을 것 같은 냉정한 사냥꾼이 분노를 조절하지 못해 행동으로 울분을 토하는 모습 같다.

먹이 앞에서 춤추다

새들의 행동까지도 변하게 하는 것이 먹이이다. 이른 아침 시간, 빙판 위에서 한바탕 쇼가 펼쳐진다. 먼 곳에서 참수리의 하얀 어깨깃을 보면서 무거운 장비를 들고 뛴다. 짧은 순간, 이 기회를 놓치면 언제 또 기회가 올지 모르기 때문이다. 추위에 버티려고 새로 장만한 방한화의 무게가 무겁다.

더 가까이 다가갈 수도 있지만 자칫 중요한 장면들을 놓칠 것 같아 먼 거리라도 녀석이 온전히 보이는 곳에 멈추어 선다. 먹이 다툼이 벌어질 때는 참수리가 온통 먹이에 집중해 거리에 무감각해지는 경우가 종종 있다. 나와 대각선상으로 약 200미터 떨어진 거리이다.

까마귀가 물고기 한 마리를 조용히 먹으려다 흰꼬리수리에게 들켜 먹이를 버리고 도망갔나 보다. 흰꼬리수리 어린 새가 조그마한 물고기 토막을 주으려고 날아가는 모습에 참수리 A(왕발이)와 주변을 지키던 흰꼬리수리 네 마리가 쟁탈전에 뛰어든다. 가장 먼저 도착한 흰꼬리수리 어린 새가 먹이를 한 발로 잡는 순간, 왕발이 참수리가 날카로운 발톱을 세우고 달려든다. 참수리의 권위와 힘을 가장 잘 보여주는 이런 모습을 담고 싶어 그렇게 추위와 싸우며 위장 텐트 속에서 기다렸건만, 마침내 그 순간이 찾아왔다.

빙판에서 벌어지는 먹이 다툼이지만 하늘에서 벌어지는 다툼과 다름없다. 날아드는 참수리는 어린 흰꼬리수리의 발을 겨냥한다. 흰꼬리수리의 발목을 잡는 순간 씨름판의 선수가 상대 선수의 다리걸기에 걸려 넘어지듯 흰꼬리수리 어린 새는 빙판 위에 내동댕이쳐지고 어린 흰꼬리수리의 발목을 잡은 참수리도 관성력으로 미끄러져 먹이와는 거리가 멀어진다.

다시 날개를 퍼덕이며 도움닫기를 하는 하얀 어깨깃의 참수리가 마치 빙판 위에서 학춤을 추는 듯하다. 이리 미끌, 저리 미끌거리며 먹이에 다가가지만 의지와는 달리 더 멀어지기만 한다. 날카로운 발톱으로 스케이트의 날처럼 급브레이크를 밟지 않을까 하는 기대는 여지없이 무너진다.

참수리의 이런 헛발질이 계속될수록 뒤에서 접근하는 흰꼬리수리들에게는 기회이다. 뒤따라 날아오던 흰꼬리수리 중 한 녀석이 먹이 위로 정확하게 살짝 발을 내려 먹이를 움켜쥐고 날아간다. 뒤따라 날아오던 흰꼬리수리는 역시 앞서가던 녀석이 먹이 위에 내려앉으리라 생각했는지 빙판 위에 내려앉는다. 이제는 먹이를 움켜쥐고 날아가는 흰꼬리수리가 유리해졌다. 날아오던 속도를 유지한 채 그대로 날아오른다. 바로 앞에서 먹이를 놓친 왕발이는 더 이상 추격할 마음이 없는지 날개도 펴지 않는다. 뒤따라왔던 흰꼬리수리도 더 이상 움직임이 없다.

그렇게 먹이를 놓고 벌어지는 먹이 싸움이 끝났다. 덩치 큰 왕발이는 어린 흰꼬리수리에게 위협 비행으로 먹이를 떨어뜨리게 하고 자기는 근처에 내려앉아 성큼성큼 걸어가 먹이를 가로채려고 했나 보다. 하지만 이번에는 흰꼬리수리의 전략이 더 빛을 발한다.

1	2
3	4
5	

1 까마귀가 가지고 가다 떨어뜨린 물고기 토막 하나에 전쟁이 일어난다. 가장 먼저 도착한 흰꼬리수리가 먹잇감을 움켜잡았다.

2 두 번째로 나타난 왕발이가 흰꼬리수리의 발목을 잡는다.

3 발목을 잡힌 흰꼬리수리는 빙판 위에 내동댕이쳐지고 만다.

4 흰꼬리수리도 먹이를 놓치고 왕발이도 날아온 속도를 이기지 못해 미끄러진다.

5 왕발이가 다시 날아오르려고 날개를 퍼덕인다.

6	7
8	9
10	

6 다시 일어난 흰꼬리수리도, 빙판에 미끄러져 멀리까지 갔던 왕발이도 돌아온다.

7 왕발이는 그 큰 덩치 때문에 단번에 날아오르지 못한다.

8 이미 한 차례 놀란 흰꼬리수리는 먹잇감을 보면서 어떻게 할지 결정을 내리지 못하고, 왕발이는 먹잇감을 향해 날갯짓하며 가까이 가려고 한다.

9 단번에 몸을 공중으로 띄운 흰꼬리수리와 달리 왕발이는 빙판 위에 발을 내딛고 도움닫기를 해야 한다.

10 흰꼬리수리는 감히 먹잇감으로 내려서지 못한다.

11 12
13 14
15

11 다가서는 왕발이의 모습이 마치 학춤을 추는 것 같다.

12 이제 먹잇감 바로 앞까지 왔다. 정확히 잡기만 하면 된다.

13 왕발이는 조금이라도 빨리 먹이를 잡으려고 성급히 발을 내린다.

14 왕발이가 빙판에서 또다시 미끄러져 간다. 뒤를 이어 흰꼬리수리 한 마리가 먹잇감을 향해 날아온다.

15 왕발이는 계속 미끄러지고 흰꼬리수리는 먹잇감을 향해 점점 다가온다.

16	17
18	19

16 왕발이는 여전히 중심을 잡지 못하고 이제 흰꼬리수리가 낚아채려는 순간이다.

17 왕발이는 흰꼬리수리가 정확히 먹잇감 위로 착지하는 것을 본다. 그 흰꼬리수리 뒤로 또 한 마리의 흰꼬리수리가 날아온다.

이렇듯 참수리가 먹이를 빼앗아가는 최상위 포식자처럼 보이다가도 어이없이 더 민첩하거나 더 정확하게 움직인 녀석들이 먹이를 차지하는, 한강에서의 먹이 다툼이 매일매일 치열하게 일어난다.

먹이를 놓고 벌이는 치열한 경쟁 속에서 서로가 서로에게 상처를 입힐 것 같지만 어느 녀석도 크게 다친 모습을 본 적이 없다. 치열하긴 하지만 녀석들 사이에는 죽음에까지 이르는 다툼은 일어나지 않는다. 삶을 위한 다툼은 있지만 그 다툼으로 삶을 잃는 일은 일어나지 않는다. 이에 비해 인간은 어떠한가?

6장

에피소드

참수리가 맺어준 인연

참수리에게 닥친 위기

풀지 못한 수수께끼

참수리가 맺어준 인연

어느 날, 이메일 한 통을 받았다. 블로그에 있는 참수리 사진을 보았다면서 참수리가 있는 장소로 안내해줄 수 있느냐는 내용이었다. 보통 이메일에는 답장을 잘 하지 않는다. 대부분 어떻게 하면 탐조하는 시간 없이 쉽게 촬영할 수 있느냐는 문의이기 때문이다. 겨울철 일요일을 제외하고도 30일 넘게 한강에 나가지만 가까이에서 볼 수 있는 날은 사나흘에 지나지 않고, 그마저도 대부분 멀리에서 렌즈로 겨우 참수리 형태를 알 수 있는 정도이다. 나라고 뾰족한 방법이 있는 것이 아니다.

그러나 이번에 받은 이메일은 내용이 달랐다. 매형이 프랑크푸르트 센켄베르크 자연사박물관 전시 기획자인데 한국에 오면 주로 새를 보러 다닌다며, 이번 방문에는 꼭 참수리를 보고 싶어한다는 내용이었다. 두 번이나 가본 프랑크푸르트 국제공항, 그리고 마인 강가에서의 추억이 떠오르자 흔쾌히 허락하고 만날 장소를 정했다.

주소까지 불러주었으니 쉽게 찾아올 것이라 생각해 약속한 날 미리 참수리들의 위치를 확인하러 녀석들이 자주 가는 장소를 한 곳씩 찾아다닌다. 비포장 길에 들어서니 바로 앞에 차량 두 대가 가고 있다. 차들이 별로 다니지 않는 길에 차 두 대가 가는 것도 이상하고, 집이나 식당이 있는 장소도 아닌데 아이들까지 태우고 가는 것이 의아했다.

아직 약속 시간이 남아 있지만 확인 차 전화를 걸었다.

"오늘 참수리 때문에 안내해 드리려 하는데 오고 있는지요?"

"지금 저희는 한강에 나와 있는데, 여긴 약속한 장소가 아닌 것 같습니다. 죄송하지만 약속 장소에는 가지 못할 것 같네요. 저희가 알아서 하겠습니다."

강변 둑 높은 곳에 도착한 나는 조금 전 앞서가던 차에서 내린 사람들이 강변으로 내려가는 것을 보았고, 내가 전화를 걸었을 때 일행 중 한 명이 전화 받는 것도 보았다. 혹시나 해서 "지금 아이들과 함께 강변에 내려서지 않았습니까?" 하고 물었다.

"예, 방금 강변으로 내려왔습니다. 아이들도 있고요."

"그럼 혹시 지금 뒤쪽 언덕 위에서 전화하는 사람이 보입니까?" 하고 묻자 뒤돌아보며 "예, 보이네요" 한다.

"여긴 약속한 장소가 아닌데, 여기서 만나게 되네요."

강변으로 내려서며 내가 말한다.

그들은 전날에 이미 이곳에 와보았다면서 멀리 섬에 앉아 있는 참수리도 보았다고 했다. 그러나 오늘은 참수리가 보이지 않는다.

"팔당대교 아래 당정섬에 참수리 두 마리가 앉아 있는 것을 보고 왔는데 보러 가실래요?" 하고 묻자 좋다고 한다. 이곳에 오기 전 미리 참수리 위치를 확인해두고 혹시나 이곳에도 참수리가 있는지 확인하러 왔는데 우연히 만나게 된 것이다.

차를 멀리 세우고 강변으로 걸어 내려간다. 안내를 부탁한 독일인 제랄드 씨는 한국 여성과 결혼했으며, 아내의 동생 가족과 함께 이곳을 찾았다, 해마다 한국을 방문해서 이미 여러 곳을 다닌 경험이 있다, 일본에만 참수리가 있는 것으로 알고 있었는데 한국에도 참수리가 있다는 사실을 알고 꼭 보고 싶었다며 술술 이야기를 풀어놓는다.

이야기하는 사이 어느새 당정섬이 저만치 보인다. 거리는 멀지만 당정섬 전체를 볼 수 있는 장소이다. 때마침 도착하는 시간에 맞추어 흰꼬리수리가 물고기 한 마리를 잡았다. 그 물고기를 빼앗으려고 참수리 한 마리가 날아올랐고 덩달아 흰꼬리수리 세 마리도 하늘로 날아올랐다. 이런 날에 참수리 한 마리와 흰꼬리수리 네 마리의 비행 장면을 볼 수 있다니…….

1 2
3

1 하얀 어깨 날개깃과 꼬리깃이 선명한 참수리가 날아올랐다. 흰꼬리수리가 사냥한 것을 빼앗기 위해서다.

2 흰꼬리수리들도 덩달아 날아올랐지만 참수리가 먹잇감 주변에 앉을 때 재빨리 채어가지 않으면 승산이 없다는 것을 알고 있다.

3 참수리가 먹잇감 옆에 내려앉았다. 흰꼬리수리들의 비행은 더 이상 아무런 의미가 없다. 모두 참수리 옆에 내려앉아 참수리가 먹이를 버려두고 갈 때까지 기다린다.

희고 아름다운 참수리의 날갯짓은 몇 번이나 보았지만 여전히 아름답다. 2월에는 한강에 잘 나오지 않아 이 시기에 아름다운 모습을 보리라고는 생각도 못 했다. 제랄드 씨 역시 지난번에 왔을 때에는 빙판 위에 앉아 있는 모습만 보고 갔다면서 이런 장면을 볼 줄 몰랐다며 좋아한다.

나 또한 한강에서 이렇게 외국인을 안내하게 될 줄은 상상도 못 했다. 정말 좋은 경험을 하게 되었다며 점심을 같이하자고 한다. 마다할 이유가 없다. 모처럼 새 이야기를 마음껏 할 수 있는 조류 전문가를 만났으니 말이다. 참수리 덕분에 좋은 인연을 맺게 되었다.

참수리에게 닥친 위기

참수리는 세계자연보전연맹 적색자료집에 멸종위기종에 올라 있어 주요 서식지인 러시아에서도 참수리를 보호하려는 노력을 기울이고 있고, 최대 월동지인 일본에서도 우리나라처럼 천연기념물(National Treasure)로 지정하여 보호하고 있지만 여전히 참수리는 곳곳에서 생존의 위협을 받고 있다.

한때 참수리 최대 월동지인 일본 홋카이도에서는 자연 생태계를 보존하기 위해 동물보호를 철저히 했다. 하지만 천적이 사라진 사슴의 개체 수가 증가하자 여러 가지 문제가 발생했고 일본 정부는 사슴을 적정 수로 유지하기 위해 사냥을 허가했다. 그 결과 납탄에 맞아 죽은 사슴을 먹은 참수리들이 납의 2차 중독으로 푸른 설사를 하며 죽는 일이 발생했다. 어렵게 이런 사실을 밝혀내어 납탄 사용을 금지했다.

이처럼 인간이 만들어낸 2차 중독은 먹이사슬의 최상층에 있는 동물에게 치명적 결과를 안겨준다. 참수리도 예외가 아니다. 먹이에 농축된 각종 오염물질로 2차 중독을 일으켜 언제 치명적인 죽음에 이를지 모르는 상황에 처해 있다.

또한 세계적인 이상기후로 러시아 서식지에서는 홍수가 빈번해지고, 홍수 탓에 먹이를 사냥하지 못한 참수리는 새끼에게 충분한 먹이를 공급하지 못하는 상황으로 이어진다. 홍수는 다른 동물에게도 영향을 끼친다. 먹잇감이 부족해진 족제비, 담비, 흑곰 등이 위험을 감수하면서까지 참수리 둥지를 털어 육추 실패율이 높아진다.

또한 불모의 땅이라 여겼던 참수리 서식지에 매장된 풍부한 자원을 개발하면서 온갖 공해와 서식지 파괴로 참수리는 점점 더 생존의 위협을 받고 있다. 뿐만 아니라 어업 기술의 발달로 참수리의 주 먹잇감인 바닷물고기를 마구 잡아들여 참수리들은 더욱더 먹이 부족에 시달리게 되었다.

이러한 환경의 변화로 생존을 위협받는 참수리는 개체 수를 유지하는 것도 힘들어지고 있다. 많은 환경단체와 운동가들이 참수리의 개체 수 유지를 위해 노력하고 있고, 각국 정부 또한 국가 지정 기념물로 지정해 보호하려고 노력한다. 우리나라도 천연기념물 243-3호로 지정하여 보호하고 있지만 참수리가 찾아오는 월동지의 급격한 변화로 고정적으로 찾아오는 월동 지역이 점점 줄어들고 있는 형편이다.

한강은 서울의 식수원이라 비교적 관리가 잘되어 있지만, 그래도 오염물에 지속적으로 노출되고 있어 혹시라도 참수리가 체내에 오염물질이 농축된 물고기를 먹고 문제가 생기지는 않을까, 하는 불안감을 떨칠 수 없다. 또한 2015년 시즌처럼 참수리들이 월동하기 힘든 따뜻한 날이 계속되면 어떻게 될지도 걱정이 크다.

풀지 못한 수수께끼

참수리들을 초기부터 관찰해온 사람들이나 뒤늦게 시작한 나는 한강을 찾아드는 참수리 가운데 암수 한 쌍이 있을 것이라 생각했다. 항상은 아니지만 이상하리만치 꼭 붙어 있는 녀석들이 있는데,녀석들의 덩치나 서열 관계도 그렇고 해서 둘이 부부 사이라는 생각을 꽤 오랫동안 해왔다.

그러나 최근에서야 이 관계에 대해 이상한 점을 발견했다. 왕발이(참수리 A, 암컷으로 추정)는 2011년에는 멋쟁이와 같이 있는 시간이 많았다. 그러나 그 이후로 많은 시간을 함께한 녀석은 2012년에 처음 모습을 보인 검댕이였다.

2011년 시즌에는 왕발이와 멋쟁이가 부부라고 생각했는데, 2012년부터 한강에 나타난 검댕이와 함께 있는 모습을 더 많이 보았다. 또한 2013년에는 왕발이와 멋쟁이가 한 녀석에게 위협을 가해 쫓아내는 모습이 눈에 띄었다. 거리가 너무 멀어 어떤 녀석을 쫓아냈는지 알 수 없지만 사진을 좀 더 확보하여 분석하면 다시 녀석들의 관계를 조사할 수 있으리라.

이와 관련해 재미있는 연구 결과가 있다. 참수리, 흰꼬리수리와 사촌 관계에 있는 미국의 국조 흰머리수리는 암수 한 쌍이 새끼를 키우며 함께 생활하지만 어느 한쪽이 죽거나 육추에 실패하면 새로운 짝과 부부의 연을 맺는다고 한다. 혹시 한강에 오는 녀석들도 사촌인 흰머리수리와 같은 성향을 가져 짝을 바꾸지 않았을까 추정해본다.

북미 대륙에만 서식하는 흰머리수리에 대한 연구는 미국에서 활발히 이루어지고 있다. 이와 마찬가지로 러시아도 참수리에 대해 연구한다고 하지만 사람이 접근하기조차 힘든 광활한 지역에서 펼쳐지는 참수리의 생활상을 얼마나 세밀하게 연구했을지 의문이다. 또 그 연구 자료가 얼마나 공개되었는지도 궁금하다.

참수리 부부가 새끼를 키운 뒤 각자의 생활을 꾸려 나가고, 각자가 좋아하는 지역으로 날아가 월동하는지, 아니면 월동지까지 암수 한 쌍이 같이 찾아드는지도 알고 싶다. 그러려면 우리나라에 머물던 개체가 번식기에 어디로 가는지, 한강에서 머물던 개체들이 서식지에서도 부부가 되어 새끼를 키우는지에 대해 알아야 한다.

매과에 속한 매의 경우, 수컷은 자기 영역을 지키려고 육추 기간이 끝나고 먹이가 풍부한 시기가 아니더라도 영역을 떠나지 않는다고 한다. 참수리 역시 모든 개체가 월동지로 떠나는 것이 아니기 때문에 우리나라에 찾아오는 개체는 암컷이나 영역을 갖지 못한 수컷일 가능성도 크다.

한강을 월동지로 택한 이 녀석들은 어디에서 와 어디로 가는 것일까, 하는 의문이 여전히 남는다. 좁은 월동지와는 달리 서식지는 광활한 지역이고 사람이 접근하기 힘든 곳이라 과연 특정 개체를 찾아낼지 의문이긴 하지만, 이미 한 개체의 특징이 매우 뚜렷하기에 어쩌면 가능할 수도 있다고 생각한다. 팔당을 찾는 개체의 특징이 뚜렷한 지금, 러시아와의 합동 연구로 더 정확한 정보를 얻을 기회가 있지 않을까 생각하며, 이 글을 접한 누군가 그런 연구를 시작했으면 하는 바람이 크다.

캄차카 반도나 사할린 북부에서 번식한 참수리들이 홋카이도 북부 지방까지 평균 1,000킬로미터 이상을 이동하여 월동지로 삼는 것을 감안하면, 한강을 찾는 녀석들은 참수리 주 서식지에서 한강까지의 최단 거리를 계산하더라도 2,000킬로미터 이상을 날아서 온다는 이야기이다. 수리처럼 범상(상승기류를 타고 고도를 높이는 것)하는 새들의 평균 이동 속도는 약 40킬로미터라고 한다. 월동기에 미국의 콜로라도 흰머리수리는 평균 시속 40킬로미터로 하루 약 200킬로미터 거리를 이동한다고 하니 우리나라를 찾는 참수리는 적어도 열흘 넘게 날아서 온다고 추측할 수 있다. 과연 어디에서 오고 어디로 가는 것일까?

넓은 지역이나 개체가 많이 모여 있을 때는 특정 개체를 구분한다든가 이들의 이동과 서로 간의 관계도 알기 어렵지만, 소집단이나 적은 수의 개체에서는 이들의 친소 관계, 가족 관계 여부 등을 조사하기 쉬울 것이다. 한강 안에서 이루어지는 조사에서 벗어나, 서식지를 찾아 어떤 경로로 가는지, 새끼들이 부모와 함께 월동지로 올 가능성은 얼마나 되는지, 다시 돌아올 확률은 얼마인지 등을 조사해볼 필요가 있다.

이러한 조사는 참수리와 흰꼬리수리만의 문제가 아닌 대부분 맹금류에 해당한다. 유라시아와 북아메리카 대륙에 걸쳐 서식하는 검독수리나 북아메리카 대륙에 서식하는 흰머리수리에 관한 연구자료가 많이 축적되어 있으나 맹금류의 이동에 관한 연구는 여전히 미흡하다. 연구는 이루어졌다 해도 일부 지역의 소수 개체에 한정된 연구 결과가 대부분이다. 참수리처럼 지역적으로 접근이 힘든 종의 경우에는 더더욱 자료가 부족하다. 맹금류의 생존을 보장하려면 그들에 대해 더 많은 연구가 이루어지고, 또 그들의 생존에 대한 의미와 가치를 생각해볼 기회를 많이 마련해야 한다.

또 한 시즌이 끝났고, 그동안 담은 많은 사진을 정리하고 분류하면서, 어느새 내년 시즌이 기다려진다. 언제나 걱정과 기대로 새로운 만남을 기다린다. 사진의 피사체가 아닌, 내가 살아 있음을 느끼게 해주는 고마운 겨울 동반자로 녀석들을 다시 만나기를 기원한다. 한강을 찾는 것만으로도 고마운 녀석들에게 내가 해줄 수 있는 일이 무엇일까? 지금도 녀석들의 모습을 떠올리며 고민을 거듭한다.